环境艺术设计思维
与方法创新研究

王　俊——著

中国书籍出版社
China Book Press

图书在版编目（CIP）数据

环境艺术设计思维与方法创新研究 / 王俊著 . -- 北

京：中国书籍出版社，2022.5

ISBN 978-7-5068-9031-1

Ⅰ . ①环… Ⅱ . ①王… Ⅲ . ①环境设计—研究 Ⅳ .

① TU-856

中国版本图书馆 CIP 数据核字（2022）第 092285 号

环境艺术设计思维与方法创新研究

王 俊 著

责任编辑	吴化强
装帧设计	李文文
责任印制	孙马飞　马　芝
出版发行	中国书籍出版社
地　　址	北京市丰台区三路居路 97 号（邮编：100073）
电　　话	（010）52257143（总编室）（010）52257140（发行部）
电子邮箱	eo@chinabp.com.cn
经　　销	全国新华书店
印　　刷	天津和萱印刷有限公司
开　　本	710 毫米 ×1000 毫米　1/ 16
字　　数	243 千字
印　　张	13.5
版　　次	2023 年 4 月第 1 版
印　　次	2023 年 4 月第 1 次印刷
书　　号	ISBN 978-7-5068-9031-1
定　　价	78.00 元

前　言

改革开放以来，我国经济迅速发展，社会不断进步，人们的生活水平显著提高，与此同时，环境问题也日益凸显。现在人们对于环境越来越看重，对居住环境和生活环境的要求逐渐提高。人们对周边环境的要求不仅仅维持在实用和功能性，而是要求一种精神享受，一种对生活美的享受。小至个人的家居环境，大至生活的小区环境甚至于整个城市的环境，环境艺术设计无所不在，慢慢地渗入人们生活的每一个角落。

当今，环境艺术设计不仅是一种艺术，更是一种生活态度。态度决定了生活，把艺术融入生活的过程中，美不是最关键的，生活内容才是。环境艺术设计是一门综合性的学科，是多种艺术的结合体，需要设计师掌握很多学科的知识。环境艺术设计是为了改善和优化人们的生活环境，并获得人们的认可。环境艺术设计的过程中，设计师通常用手绘方法快速将其灵感记录下来，结合计算机辅助设计将其想法淋漓尽致地展现出来。设计本身是一个由粗到细的过程。设计的雏形来自设计师的灵感，需要深厚的文化与艺术修养，因为，任何一种健康的审美情趣都是建立在较完整的文化结构之上的。因此，文化史、行为科学、色彩知识、空间运用等方面的知识，都是设计师需要学习的地方。

本书第一章为设计思维与方法概述，介绍了设计思维的概念、特点、方法，同时还对设计思维的训练进行了介绍；第二章环境艺术设计概述，介绍了环境艺术设计的基础知识、基本原理、空间分类、风格分类，最后介绍了现代环境艺术设计的特征；第三章为室内环境艺术设计思维与方法，介绍了室内环境设计思维创新和手绘表现，并且介绍了室内环境陈设设计、空间设计和照明设计；第四章为室外环境艺术设计思维与方法，分别介绍了室外环境设计元素、空间设计和照明设计；第五章为环境艺术设计举例，从室内和室外两个方面对环境艺术设计进行了举例。

在撰写本书的过程中，作者得到了许多专家学者的帮助和指导，参考了大量的学术文献，在此表示真诚的感谢！本书内容系统全面，论述条理清晰、深入浅出。

由于作者水平有限，加之时间仓促，本书难免存在一些疏漏，在此，恳请同行专家和读者朋友批评指正。

作者

2022 年 3 月

目录

第一章 设计思维与方法概述

本章为设计思维与方法概述，共四节。本章四节内容分别介绍了设计思维的概念、特点、方法和训练。通过本节，读者可以对设计思维有整体的了解并可以将设计思维运用到工作实际。

第一节 设计思维的概念

一、设计思维由来

设计思维源自多领域的创新实践，其目标是为我们解决人类、科技、产业和社会创新发展所遇到的挑战性和共性的抗解问题。它不单纯是一种思维或者工具，而是一整套对待复杂问题的解决方案。回顾设计发展的历史，设计思维的概念一直在演进，经历了从设计科学、思考的方式到设计师思考方式的转变，从而形成了我们今天所运用的设计思维（Design Thinking）。

设计思维早期可以追溯到 20 世纪五六十年代。在那个需要急速应对环境变化的时代，人们通过科学的方法和过程来理解设计，努力在设计领域发展出一门科学。英国开放大学名誉教授奈杰尔·克罗斯（Nigel Cross）阐释了"科学"设计的概念。富勒（Fuller）呼吁在科学、技术和理性主义的基础上进行一场"设计科学革命"，以克服他认为政治和经济无法解决的人类和环境问题。在 20 世纪 60 年代中期，霍斯特·里特尔（Horst Rittel）提出设计思维的核心——抗解问题（Wicked Problem）。正是因为这些复杂和多维的问题，人们需要一种协作方法，包括深入理解人类。

20 世纪 70—80 年代，赫伯特·西蒙（Herbert A.Simon）在《人工科学》（The Sciences of the Artificial）一书中，将设计作为一门科学或思维方式，定义为每个人都会设计出旨在将现有情况转变为首选情况的行动方案。他提出的快速原型设计和观察测试，构成了典型的设计思维过程的主要阶段。艺术家兼工程师罗伯特 H. 麦金（Robert H.McKim），专注于视觉思维对事物的理解和解决问题能力的影响，更全面的问题解决形式是设计思维方法的基础。彼得·罗（Peter Rowe）曾经在他的一部书——《设计思维》中介绍了建筑设计师如何通过调查来处理任务，当时他任哈佛大学城市设计项目主任。设计思维随着时间的推移在各个专业领域进行着它的旅程。

1991 年，设计顾问咨询公司 IDEO 开发了客户友好型术语、步骤和工具包，使那些没有设计基础的人能够快速轻松地适应设计流程。卡内基·梅隆大学（Carnegie Mellon University）设计学院院长理查德·布坎南（Richard Buchanan）在文章中讨论了设计思维的起源。他宣称：设计思维是整合这些高度专业化知识领域的方法，能够让我们从整体角度面对新的问题。2008 年，IDEO 总裁提姆·布朗（Tim Brown）发表了有关设计思维的文章，标志着设计思维成功跨越了设计、商业和科技等领域，设计作为一整套解决创新问题的方案被更多人接受。2015 年，《哈佛商业周刊》（Harvard Business Review）又刊发了提姆·布朗与罗杰·马丁（Roger Martin）合作撰写的题为《设计 2.0》的文章，进一步将设计思维引入用户体验、战略及复杂的系统中。

二、设计思维定义

"设计思维"一词由两个常用词组成，这两个词在现代社会使用频率颇高，如"顶层设计""形象设计""互联网思维""计算思维"等。设计和思维应该是人类"与生俱来"的能力，原始人把一块兽皮稍作加工披在身上来抵御寒冷的行为说明那时的人类已具备了设计能力，而人区别于其他动物的重要标志就是具有较高的思维能力。由设计和思维结合而成的"设计思维"为什么近年来在教育、商业、制造业等领来越引起人们的重视？因为它能为未来提供实用和富有创造性解决方案的思维方式。在弄清这种思维方式之前，我们先对"思维""设计"和"人为事物"分别作探讨。

（一）如何思维

人们是如何思维的？这个问题的答案就像"我们是如何走路的"一样简单而直接，属于正常人的本能行为。譬如某人出去旅游，看到沿途风景会发出"好美啊"的感叹；走累了，肚子饿了，他会想起香喷喷的包子。一路走来，他一刻也没有停止思维，而当问他"一路上你是如何思维的？"他可能会一脸迷茫。

一只小狗会在院子里随地闻闻，如果天突然变化，比如刮风降温，小狗可能会跑回屋内，而人在这种天气突变下会迅速判断是否会下雨，是否要带着雨具接幼儿园的孩子，是否取消晚上的露天酒会。思维能力低下的动物因环境变化和身体本能而动，因而是被动行为，而具备高端思维能力的人能够根据尚未出现并且可预料的事情采取主动行为，人的这种思维能力包含了想象力、经验和知识。

现实中，人们的思维有相当多的时间处在随心遐想、看到哪想到哪、没有特定目标的状态，或者做做白日梦，这些都属于正常人的思维范畴。人类社会发展至今靠的是深度的思维能力，比如"科学思维""理性思维""创造性思维"等思维方式。"如何思维"关注的重点正在于此——"深度思维"。

深度思维包含哪些因素？或者说用心思考与随便想想的区别？教育家杜威曾说过："思维只是随心所欲、毫不连贯地东想西想，是不够的。有意义的思维应该是不断的、一系列的思量，连贯有序，因果分明，前后呼应。思维过程中的各个部分不是零碎的大杂烩，而应是彼此应接，互为印证。思维的每一个阶段都是由此及彼的一步——用逻辑术语说，就是思维的一个'项'。每一项都留下供后一项利用的存储。连贯有序的这一系列想法就像是一趟列车、一个链条。"[1]这里所说的"一趟列车、一个链条"思维成果就是"深度思考"的关键因素，连贯、因果分明、互为印证的系统思考。靠刷手机看视频获得所谓碎片化知识就不太可能形成深度思考。

思维可以简单地分为两种状态：一种是在日复一日的生活中没有需要解决的问题或者需要克服的困难，可以随心遐想，没有必要费心思量；另一种是有问题需要得到解答，或者模糊状态需要得到澄清。思维的结果会产生种种解决的想法，并且检验这些想法是否有效，这个过程看似简单，实际上非常复杂，而且每个人处理问题的方法和结果千差万别。有的思维过程缺少章法，变得浮躁和肤浅，而有的思维缜密，有条理、有策略、有方法，往往经过一系列思索就有想要的结果。虽然每个人都会思考，但要思考得有深度是需要学习的。基本的思维方法有抽象思维、逻辑思维和直觉思维。

"抽象"一词会让人想到看不清摸不着、不好理解的东西，譬如"抽象概念"等。其实，抽象是人类具有的最智慧的思维方式。举个例子：早期牧羊人在交易中需要计数，2只羊加上2只羊，再加上2只羊，总共6只羊，这就成了2加2

---

[1] 约翰·杜威. 我们如何思维 [M]. 伍中友，译. 北京：新华出版社，2011.

加 2 等于 6 的概念，后来抽象成了 2+2+2=6，这个 "概念" 和羊没有多大关系了，可以是 6 只鸡或 6 斗大米等，再后来就发展成 "2×3=6"，如今成了小学课本知识。所以，抽象思维能力是人类对于概念的处理能力，可以把具体复杂的问题，通过 "抽象组块"，浓缩成一个个较为简单的问题它能将现实世界模型化，成为某些知识的能力。

思维是以概念为工具去反映认识对象的，这些概念又是以某种框架形式存在于人的大脑之中，即思维结构。逻辑思维就是将思维内容联结、组织在一起的方式。提升逻辑思维能力，能够帮助我们从已知的判断推导出新的判断或结论，以便解决问题。

大脑是人的思维器官，思考就意味着 "动脑筋"。是否只有大脑才能思考？心理学家阿恩海姆则认为："一个人直接观看世界时发生的事情，与他坐在那儿闭上眼睛'思考'时发生的事情，并没有本质的区别。" 就是说人的思维主要是大脑的活动，各种感官无论视觉、触觉等都是为思维活动而服务的。艺术首先通过不同的形式作用于人的感官，进而表达人们对世界的认知，是人类不可或缺的认知表达，所以，艺术教育、劳动课、"做中学" 等再次受到人们的重视。如果艺术是以直觉思维为基本方法，科学就是以逻辑思维为基本方法。现实中，它们相互影响，无法脱离任何一方而独自存在。直觉思维会影响人的逻辑而逻辑思维又反过来作用于人的直觉。

未来，人们遇到问题的解决方式不仅仅取决于知识，更取决于思维能力，具体地说就是要具有良好的思维习惯。培养良好思维习惯时，最重要的因素就是要养成这样一种态度：肯将自己的见解搁置一下，运用各种方法探寻新的材料，以证实自己最初的见解正确无误，或是将它否定。保持怀疑心态，进行系统的和持续的探索，这就是对思维的最基本要求。

（二）从分析到构建

1869 年，俄罗斯化学家门捷列夫研究出了人类历史上第一张化学元素周期表，这张表源于他的长期研究，通过发现元素的性质随原子的增加呈周期性变化的特点排列元素，其意义：一是可以有计划、有目地探寻新元素；二是可以矫正以前测得的原子量；三是提升了人类对物质世界的认识。重要的思维工具就是逻辑推理，演绎和归纳是逻辑推理最重要的思维工具，是整体的、规律性的研究方法。演绎推理是由两个或多个前提得出一个结论，如基于 "所有行星都是围绕恒星运转的天体"，以及"天王星围绕太阳运转"这两个前提，可以推断出"天王星是行星"。归纳推理是通过一系列的观察推断出结论，如观察到"直角三角形的内角之和是180度""锐角三角形和钝角三角形的内角之和也是180度"，得出"所有三角形的内角之和都是180度"的结论。科学是研究自然规律和物质形态，是独立于人的意志的客观存在，不能有半点主观判断，所以要进行大量的观察、分析、猜想、验证等过程，是分析——验证型思维。没有大量的机械运动经验事实，不可能建立能量守恒定律；没有大量的生物杂交试验事实，也不可能创立遗传基因学说。除了对客观物质世界的认知，人类面临的更多问题是如何与这个世界相处以及人类自身的问题，思维就不仅仅被视为像镜子一样对客观世界的简单反映和描述。相反，思维的功能应该是预测、行动和问题解决，"新想法"不是把观察到的信息和数据放入现存的思维模式中就能解决的。从认知学角度看，以目的为导向，进入解决问题和细节探索阶段，在设想的循环迭代中，不断修正以后获得美好的结果，这是一种整体的思维模式。

（三）设计与人为事物

什么是设计？顾名思义，"设"就是设想，"计"就是计划。

早在手工业时代，生产方式与管理比较单一，如做一个篮子，从头到尾都在一个工匠的手上完成，所谓心手合一，方得万物。工业化提高了生产效率，市场需求导致品种越来越多，于是出现了"设计"与"制造"的分工，工匠的手艺活由一个人变成了两个人来做，将产品的款式、材料、工艺等构想方案提供给生产部门的工作，叫作"设计"。现代社会已产生了众多的设计行业，如建筑设计、汽车设计、工业设计等，其相同点是"造物"，这是狭义的设计；广义的设计是在社会服务、制度、活动等方面的构想与规划，如"社区健康设计""生态战略设计"等，与"造物"无关，是人类社会组织、运作、服务等方面的关系构建。无论是狭义的设计，还是广义的设计，是人们为了达到一定的目的而寻找解决方案的途径。

无论是科学研究，还是设计，都是为某些问题寻求解决之道，会遇到所谓"结构良好"或"结构不良"的问题。结构良好的问题是指初始状态、目标状态和操作都是具体明确的；而结构不良的问题，或称为"复杂问题"，并不是问题本身有什么错误或不恰当，是指没有明确的结构或解决途径。20世纪60年代，赫伯特·西蒙提出了"人为事物"的概念，即现实中的人工世界里的人为对象和人为现象。他认为对自然科学和人为事物的研究，面对的"复杂问题"是不同的，自然科学在于揭示那些奇妙而又不容置疑的事实，证明那些被正确观察到的复杂事物只不过是被遮隐了的简单事物而已，从表面混沌下面找出清晰的图案，如人的基因图案直到 20 世纪 50 年代才发现其双螺旋曲线的真实面目，而人为事物中的复杂问题在于人本身。

如果说自然事物带有"规律性"，那么人为事物有更多的"偶然性"，在人为构建事物的过程中，设计的挑战在于这种"不确定性"，在这样的条件下，在通过发现问题、理解问题、提出构想、循环迭代等步骤提出解决方案的过程中，人的需求、创造力、情感等是无法量化的不确定因素。社会系统中"人"的因素，不论是信息，还是多方利益冲突的决策者，均处在不断变化之中，使问题变得复杂化。无论是产品、服务，还是系统，设计是在解决人与人、人与物和人与环境的复杂关系中提出创新方案的活动。

在人为事物的构建过程中，设计从人的需求出发创造有价值的新事物，对人、物与环境的研究，离不开人文艺术和科学技术的支撑。英国皇家艺术学院在"设计通识教育的研究"的项目中，提出设计应该成为科学、人文之外的"第三类教育"，以利于促进人类认知能力的发展。

科学用于探索各种事物的本来面目，了解其基本属性和客观规律性，其包含两个方面，一是探索事物是怎样的；二是研究事物应该怎样，而"应该"的诉求就要涉及个体的愿望、爱好和对自然环境的要求等。人类社会不仅需要自然科学技术，还需要人为科学，将各种因素融合在一起，并能提出可以被评价、检验的对象物，这是一个需要专业知识、审美智慧、创新意识等非线性的复杂过程。如果说科学技术回答"如何制造一个物品"的方法问题，设计则回答"制造什么样的物品"的解决型问题。当今社会，物品的制造技术不是大问题，设计什么样的物品才能满足需求成为越来越重要的问题。

（四）什么是设计思维

设计及其设计思维的发展不是完全线性的，不是最新的替代过去的，而是一个融汇的过程。作为近年来的流行词，设计思维在商业、教育、公益等各个领域都受到了广泛关注。自 20 世纪 60 年代提出该概念之后，设计思维的内涵随着时代的更迭不断丰富，国际上对设计思维的概念并不存在唯一的标准。从不同的角度出发，设计思维的内涵也会有所不同。"维基百科"定义，设计思维是一个以人为本解决问题的方法论，从人的需求出发，为各种议题寻求创新解决方案，并创造更多的可能性。提姆·布朗认为设计思维是一种以人为中心的创新方法，它从设计师的工具包中汲取了灵感，将人的需求、技术可行性以及商业成功的需求整合在一起。

美国斯坦福大学设计学院认为设计思维具有"以人为本""及早失败""跨域团队合作""做中学习""同理心"和"快速作原型"等特征。在中国高校创新创业教育联盟设计思维专业委员会、清华大学艺术与科技创新基地公布的《2019 设计思维蓝皮书》中，汇集国内各界对设计思维的理解，将设计思维的特点汇聚在能力属性、整合属性、工具属性、未来属性以及其他属性这五个方面。设计思维的"能力属性"在同理心、以人为本、设计能力、创新能力、解决问题省力的内涵上，又增添了内驱力、探索能力、创造力、创意自信力等特征；"整合属性"不仅综合考虑所有学科及领域资源信息的整合，还包括创新者的综合性能力整合，不仅需要专业的深度，还要有横向的贯通性；"工具属性"认为设计思维作为一种塑形思维的工具，还具有具象性、引导性、加速性、节奏性的特征；"未来属性"从"原有"到"未来"，提升人类对未知且快速变化的未来世界的适应性，同时也是人类未来价值和竞争力的体现；设计思维的"其他属性"则包括视觉化表达和社会公益性这两种新的解读。

设计思维是一种思维方式和方法论，可以帮助我们在日常生活中为所服务的人群。设计思维是面向跨领域创新者的一种方法，在国内，创新创业的浪潮推动了设计思维的广泛传播。在创新团队中，新技术、新产品的转化和落地，需要设计者早期参与到产品开发中，这一趋势也促进了设计思维的传播和应用，而有价值的创新需要结合未来发展趋势，需要用户体验和市场需求两者整合，并依托科技创新的可实现性，这就是设计思维所提倡的跨学科创新模式。设计思维是通过"以人文本"的视角看问题的，人是核心。当下的创新活动是技术、市场、场景与人的结合，越深入了解用户的需求，创新者就越会知道问题在哪里，同时更多元参与者的共创，能够更全面地找到解决方案。设计思维中的原型是沟通媒介，它在不同学科背景的人群中形成了共通的语言。体验原型因为支持目标用户的可用性和体验测试，从而实现进一步的迭代和开发；另外，在未来趋势的探索中，原型将成为叙事载体，塑造未来场景的同时也引发反思。具有设计思维能力的实践者往往乐于团队合作和发展领导力，乐于处理复杂的问题并探索未知，他们会有更多的成长空间去参与到有挑战性的项目中，在未来创新活动中可以发挥更大的作用。

第二节　设计思维的特点

科学求真，人文求善，设计求美。

科学是研究独立于人的意志之外的自然规律和物质形态。追求事物的真相即是科研的出发点，也是科研的行为准则，就如近期暴发的疫情，为了防止病毒的扩散和再度暴发，溯源问题就成了关键，由于种种原因存在各种质疑，这个问题不是政治问题，也不是道德问题，而是科学问题。科学的思维模型是"探索—猜想—验证"，科研人员基于某些问题或者受好奇心的驱使，展开调研等探索工作，提出各种猜想，之所以是"猜想"，是因为"清晰图案"被"表面混沌"所遮蔽，只有在大量实验数据和创新视角下才能看清其图案，并在反复验证中获得认可。科研人员的创造性来自其创造精神、创新视角和创新方法。

如果说科学是发现图案，那么设计则是创作图案。作为创造人为事物的设计是基于人的意志创造性的事物和关系，以追求新事物个人带来的美好愿景，与科学研究不同的是，设计问题不存在"客观真相"，只有"合适"的构建方式。设计的思维模型是"定义—构建—原型"，这是一种以结果为导向的思维模式，三个阶段不同于生产流水线单向流程，而是随着设计认知的推进，设计者从这些阶段产生的不同概念中反复碰撞，从模糊中逐渐"构建"新的概念和可能性。关于设计创意与用户的期待，可以这样描述，"并不给人想要的，而是给人做梦也没想到的；当人们得到时，会发现这就是梦寐以求的。"

定义——用"感知"来探索和定义问题，做出"是什么"的判断，定义问题和寻找解决方案之间存在密切关系。如苹果手机一度把智能手机设定为"高科技"产品，而乔布斯却回到"手机到底是什么"问题上来，如沟通、娱乐、求知等，最后设定为"完美的综合体验"。高科技和综合体验的解决方案是不同的概念，对于前者，当然不缺技术；后者却要在交互、用户心理上投入更多的精力，所以，问题和可能的解决方案是被反复探索和界定的。定义问题包括谁在用，解决什么问题，有哪些已有的假设，有什么相关联的不可控因素，短期目标和长远影响是什么，等等。

　　构建——创造性的假设生成。用"设想"来探索和制定解决方案，提出多个"可能是什么"，借助各种手段重新编排知识和经验，反复与"设想"建立有效关联，在信息的"重新构建"中产生创造性的解决方案。当然，这种创造性不是凭空而来的，任何人不可能以一种原本不知道的知识为前提生成其他知识。创新与已有知识之间存在一定的语义关联，创新是构建要素之间的关系而非要素本身。

　　原型——用视觉化方式将想法从头脑中释放出来的过程。原型不求精细，但求快速和直观，以便用最短的时间和最少的成本实施和探索各种可能性。制作原型的过程是积极反思和发现新的问题，找到新的可能出现的问题并不断优化的过程。原型也是测试方式，是一种迭代过程，一般会将原型置于真实场景中进行交互、体验，只有通过真实的原型测试才能知道哪里是对的，哪里是错的，便于对设计进行调整，以改进解决方案。

　　设计思维是一种实现迭代探索性、适应性、实验性的方法，是对设想不断推演改进的过程。现实中会遇到这种情况，尝试解决一个问题的同时却引入了另一个问题，如电动汽车解决了碳排放的问题，但是锂电池的生产和废弃又导致新的污染产生，这时候需要重新定义解决问题的新办法。福特曾说过，在没有发明汽车之前问用户想要什么，他得到的答案是一匹更快的马，如果照做了，那么福特公司可能只是一个马场。其实人们只是想快速移动，汽车也许就是一种解决方案，这便是对问题本质的推演和迭代。

　　设计思维的四个特点：视觉化、审美性、协同性和多学科。

　　视觉化——设计的每一步都要使用视觉化工具，如思维导图、认知地图、手绘草图、概念模型、原型、版面等。这些视觉工具一方面是设计人员把设想表达出来，是探索、推敲、判断过程中思维的视觉化；另一方面，设计中的有些概念和想法难于用语言文字表法，视觉化的图示便于相关人员（如团队人员、投资者、用户等），尤其在多语言环物中的国际合作项目解读。

　　审美性——定义、构建、原型的每一个环节都有审美的目标体验。设计是人类追求美好的行为，无论是工具、汽车、建筑还是社区健康系统，都是为了人类自身更美好的生活体验。设计思维就是在行动中追求美好体验与内化的审美体验。相对于以主观体验为主要任务的传统审美方式，设计更强调内在精神与外在形式的转换与对接，直至对象化的构建。

　　协同性——设计思维不是解决某专业领域的问题，而是运用专业技术为人类创造新的联系。所以在设计的任何阶段，需要由不同专业背景的人共同探索和定义问题，共同制定和评估解决方案，在这个过程中，参与者可以表达和分享体验，讨论和协商利益，共同带来积极的变化。

多学科——学科合作与协同设计是同一问题的两个方面。设计思维是一套思维模式，每一门学科都可以用这套模式创造性地发现问题和解决问题。多学科背景参与的设计更适合解决复杂问题。教育界和企业界流行一种叫"WORKSHIP"的活动，或称工作坊、设计营，通常由企业提出一些实际发生的，或未来将要遇到的问题，由多种专业（包括设计专业）的学生、企业工程师一起参与讨论，发挥各种学科的优势，通过相互间观念的碰撞，提出解决问题的方案。

设计思维是一个系统整合、创新构建的过程，当谈论创新或设计时，任何的思考都不能仅仅关注创新或者设计本身，而要观察涉及这个创新的整个系统，如设计公共交通工具时，不仅考虑用户需求，还应把系统涉及的其他元素和周围的支持系统、环境系统等一同纳入考虑范畴。

第三节　设计思维的方法

一、曼陀罗法

"曼陀罗法"也称"井字联想法"，是一种基于右脑的思维导图形式，利用抽象文字联想出与之相关的物件，具体的形式是在一个九宫格的结构中填充关键词，首先把主题写在九宫格最中间的一格中，然后将与主题相关的联想以关键词的新形式填写在周围八个方格中。这些联想的关键词填写主要分为两种顺序，即放射式和围绕式。放射式就是从中心主题向四周呈放射状延伸填写，将主题填入中间的一格时，思考者就会自然地想要把周围的空格填满，这是一种图像的而非线性跳跃的过程，而围绕式是在有初步想法后按照步骤进行规划安排，是一种线性流程式的思考，以顺时针的方向围绕中心呈包裹状卷曲，这两种形式都可以再进一步细化，外围的八个格子里的关键词也可以被当作主题关键词进行同样的细分推导，这样就可以在一层推导不足以实现创新思维发散或不够深化的时候，得以进一步逐层拓展出来，变成更加庞大由很多中心词分析构成的"莲花法"。

二、逆向思维法

设计思维的培养很大程度是对想象力的突破，但是想象能力的水平会受到历史、民族、教育等诸多因素的影响，而生活中绝大多数的生活者受到的是几乎相同的教育，获取知识和信息的渠道手段都很接近，通常会循规蹈矩跟随潮流，在这种情况下要使思维想象不同凡响、特立独行是件很难的事情。在若干训练突破思维禁锢的方法中，逆向思维训练是一种改变这种状况的有效良方。

所谓"逆向"也就是相对正向、逻辑而言的反向思维方式。逆向思维法是指为实现某一创新或解决常规思路难以解决的问题而采取反向思维寻求解决问题的方法。在观察分析自然的时候，要多想想与逻辑结果相反的可能路径，逆反思维表面上看是违逆常规、不受限制地胡思乱想，其实训练的是一种"小概率思维模式"，即在思维活动中关注不被普通人关注的小概率可能性的思维，如冬天应该下雪，树木休眠。拥有逆反思维的人会想到，赤道地区特殊气候的小概率，那里冬天也很热，会有遍地的鲜花，通过这种逆向思维就有可能设计一幅圣诞老人身处骄阳海滩的广告画面；一般认为小孩子不如大人智商高，但小概率有可能存在相反的可能性案例，好莱坞系列电影《小鬼当家》的创意正是在这种思维引导下产生的。

逆向思维模式与正向思维模式其实是可以相互转换的，当一种公认的逆向思维模式被大多数人掌握并应用的时候，它也就变成了正向思维模式。逆向思维是发现问题、分析问题和解决问题的重要手段，有助于克服思维定式的局限性，是决策思维的重要方式，它把"不可能、不存在、能行吗"之类的话抛到了九霄云外。反向性与异常性是逆向思维的重要特点，它们的存在使逆向思维在实践中常给人以"悖论"的感觉。逆向思维总是对普遍接受的概念或做法进行质疑，主动关注与之相反的对立面的状态，如果发现对立面具备产生合理结果的可能性，就会向对立面方向深入推进。逆向思维是有具体方法可循的，如怀疑法，对普遍认知的概念、规则敢于怀疑，因为习惯的做法并不一定是合理的，对权威概念抱以怀疑之心是逆向思维所需要的，要求在处理问题时既要看到事物之间的差异，也要看到事物之间因差异的存在而带来的互补性，应该学会比较、分类、分析、综合、抽象与概括等批判的方法。在心理上对已确实存在或发生的事情进行否定，同时发掘其原本可能出现而实际并未出现的结果，这种心理活动是人类意识的重要特征之一。

逆向思维法又分为反转型逆向思维法和转换型逆向思维法：（1）反转型逆向思维法是指从常规行为的相反方向进行思考，从而产生创意构思的途径。由事物的功能、结构、因果关系等三个方面做反向思维；（2）转换型逆向思维法是直接将现有的习惯进行转换，如我们身上有灰尘时会下意识地掸掉，这是顺向的思维，鸡毛掸子的发明就是这种顺向思维的设计发明。1901年，伦敦举行了一次"吹尘器"表演，这种设备可以用强有力的气流将灰尘吹起，但吹起的灰尘还会慢慢飘落导致清洁效果有限。发明家 H. 塞西尔·布鲁斯（Hubert Cecil Booth）则采用逆向思维法对于清理灰尘这件事反过来思考，将吹尘改为吸尘，最后根据这个设想研制成世界上第一台通过动力泵过滤进气来捕获污垢的吸尘器并大获成功。

三、列举法

列举法也是有效的创意思维策略，可以分为属性列举法与希望点列举法两种。"属性列举法"最早由罗伯特·克劳福德（Robert Crawford）教授于1954年提出，是设计思维中经常使用的一种方法，其中属性列举法指的是设计师要充分了解设计对象，并将其各个属性提炼出来，然后将各个属性列举在表格中，通过对表格中各个属性进行分析来指导自己的设计方向，有针对性地创造、改变设计对象。希望点列举法指的是设计过程中要不断提新的"希望"，然后再去构思如何实现"希望"，是有目的的设计和思考。总之，列举法是一种行之有效的设计思维方法，具有目的性强的特点。

四、演绎法

演绎源于逻辑学的推论，与归纳推论互为补充，互为前提。也就是说，演绎推理应该建立在材料来源、一手线索与直接证据充分准确的基础之上，如果线索或前提条件是错误的，演绎推理不可能得到正确的结论。对于下意识的研究是弗洛伊德最重要的理论之一，他认为人们的小动作、口误、遗忘等也是下意识行为，任何事情都有藏在形式表现背后的原因。任何事情不论大小都是自己或相互联系的发展过程，是一个由节点组成的链条，每个节点的状态都是由其前面的环节决定的，通过对于这些线索的回溯就能找出背后的原因或发生的源头，如眼睛近视与遗传原因或用眼不当的行为有关，艺术家蓄长发或留光头的行为是追求标新立异的心理促使的。同理可证，图形设计的结果与现状也都有其背后的决定因素，这种链条的步骤性有时是主动的，有时是被动的。

第四节 设计思维的训练

想象是人脑对已有世界表象加工改造进而创造出新形象的一种特殊的思维过程。想象是形象思维的较高阶段，也是艺术设计过程中最为常见的思考方式之一。想象能突破时间和空间的束缚，突破现有人类科技与社会关系的限定创想与描绘。在进行一个设计项目之初，设计师通过对现有素材条件的充分调研与了解之后，大胆想象，将脑中的预期效果描述出来，并进一步通过深化设计与沟通一步步完善落实具体的设计构架。因此，为了提升创意能力，在学习中增加知识积累和信息储备以及大量的思维训练是十分必要的。一个人想象能力的强和弱其实很多时候是被自己限定的，自我的限制太多，突破常规的想象会使其产生离经叛道的感觉，所以，首先应该主动面对并破除各种刻板印象，勇于突破勇于表达。

一、黏合

黏合就是把两种或两种以上本无关系的目标事物结合在一起构成新形象，这是一种行之有效的创意方法，也可以理解为一种组合重构的构成设计方法。大量的古代神话就是由这些通过黏合想象出来的人物构成的，其中大多数神仙妖魔都是几种动物的肢体部件拼接的结果，如伏羲女娲的人头蛇身、埃及壁画里的狼头人身、哪吒三太子的三头六臂等。

二、夸张

夸张是故意强调某一人物、事物的某一特征，使其强烈变大或变小的方法，可以针对局部的也可以针对整体。夸张的手法经常用于广告设计、卡通设计领域。对于人物景物的夸张可以增加形象的符号属性，便于识别并给人留下深刻印象。在产品造型、平面设计中，夸张的手法对于特定设计对象是十分有效的构思方法。很久以前看过一个广告设计的经典案例，北欧的冬天很冷，大家为了喝到爽口的冰可乐把易拉罐冻在了嘴唇上，不得不去找医生帮忙，结果发现医院的楼道里一排人嘴唇上都冻着一个可乐罐，其夸张的创意至今令人印象深刻。

三、典型化

典型化就是根据一类事物的共同特征来概括生活、创造典型形象的方法，如当说出"电话"这个词汇时，在多数听众脑海中都不会出现手机的形象，而是一部老式的座机电话，尽管这种电话在生活中基本已经消失了。

四、让内容更真实

这是一个重要的训练。想象情景的描绘不是胡乱堆砌的重构，反而是要让"想象"的事物看起来更加合理、合乎逻辑，就像它可以在真实世界中能够建立起来一样。以下三点简要介绍如何建立真实的想象：（1）尽量模拟出"现实场景"就可以使想象世界里的东西都变得很有"真实感"；（2）尽量用现有的知识与常规去构建想象的内容，这样无论想象的事物多么夸张离奇，都能得到合理化的解释；（3）使用逻辑性来建立想象的空间。事物规律是我们思维的经验认知，而想象的内容如果符合普遍逻辑规律就能使人感到可信。想象和构建逻辑规律同样重要，完全没有逻辑基础的想象，其真实度就会很低，使用逻辑的方法使设计创新更为缜密，想象也更能接近实现。

五、排列组合

尝试设计循环图形，可以从各个角度组合，保证准确衔接，形式上类似模拟地砖铺装。进一步的训练是尝试立体关系的组合，在草图上可以尝试三维层面上的各种排列组合方式，同样的形态可以排列出很多意想不到的图案。这种排列的能力对于平面设计非常重要，如当面对一个十万字的文本，加上若干尺寸不一的几百张图片、条形码、书的标题、版权信息等，面对这些乱七八糟的材料，该如何展开设计工作？该怎么排列和编辑它们？

六、图形联想

为实现设计想象所建立的训练需要从观察和分辨入手，通过对现实的理解进行草图速写练习达到表达创意的目的。立方体是空间几何中最稳定、最适应分割组合、最适合空间利用的形体，它可以是砖，通过组合摆放可以建造墙体房屋，也可以是家具电器、魔方、麻将牌等。无论是传统的还是现代的，立方体形态应用广泛，也必然会在未来保持生命力。这个训练的要求是给一个限定比例的立方体，自由设定视点，进行一个符合造型的绘制，必须符合几何画法的要求来完成这个训练。立方体训练可以尝试任何形态，产品、建筑、室内等只要符合形态的都能用来适形，如练习圆形、三角形等，这个练习就是在盘点大家脑子中存储的形象。全世界的图形都可以用三个最基本的图形来解读概括，分别是圆、方、三角，但脑中的图案过多地被物体上的异形所干扰，容易按照惯性来思考。

七、遮挡与覆盖

物体互相遮挡会使人产生错觉，而想象被遮蔽物体的结构是锻炼造型能力的好方法，锻炼绘画遮挡物体各个角度关系训练对于设计内部结构和形态组合有利。训练时，可以先画出组合物体的一个方向，再去想象和搭建背面角度的形态，力求统一，如随意找一张照片，照片上有人、背景以及其他一些物品道具，把照片的下半部分遮挡起来，想象并画出被遮挡的部分可能的样子，当然不是画出被遮挡部分真实的内容，而是靠想象力画出与上半部分能够准确衔接但内容完全天马行空的新内容。

第二章　环境艺术设计概述

本章为环境艺术设计概述，共五节。本章前四节内容分别介绍了环境艺术设计的基础知识、基本原理、空间分类、风格分类，最后介绍了现代环境艺术设计的特征。

第一节　环境艺术设计的基础知识

环境艺术设计是一项综合性的艺术与科学，包含若干子系统，涉及范围广泛。按设计范围可以将其分为室内环境艺术设计和室外环境艺术设计两大类。在设计的过程中，通过设计元素的整合与设计技巧的衬托，打造人性化、合理化、美观化的环境艺术空间效果。

但综合来看，在设计的过程中，我们应该着重考虑以下四点要素：

（1）环境艺术设计色彩：在设计的过程中，可以通过色彩与色彩之间的搭配与结合，凸显出空间的风格与氛围。

（2）环境艺术设计布局：环境空间的合理布局是对空间合理划分的基础，能够有效突出空间的特点与内涵，增强空间的实用性、合理性与美观性。

（3）视觉引导流程：环境艺术设计的视觉引导流程是一种结合技巧与美观的综合性设计方式，通过有效的视觉引导提高受众接受信息的效果。

（4）环境心理学：在设计的过程中，要能够充分理解受众的心理变化过程，研究环境艺术与受众心理、行为之间的紧密关系，通过以人文本的设计理念，提高空间的功能性与可塑性，依次来提升受众对环境空间的体验感。

一、环境艺术设计的概念

环境艺术是绿色的艺术与科学，其中城市规划、园林景观、室内设计、交通建筑、陈列展示、商业空间等方面都属于环境艺术的范畴。

环境艺术设计就是以受众需求为出发点，通过有序的规划与艺术性的设计，对有限的空间进行装饰，使其呈现艺术美感，运用科学与艺术的方式、方法，将自然、人工与社会元素进行综合考虑，将人们所生存的室内外环境进行合理的协调与规划，是一种具有环境意识的艺术设计。

二、环境艺术设计的类型

环境艺术设计所涉及的方面比较广泛，同时其内容也在不断扩充，从室外环境设计扩展到室内，包括景观、建筑、公共艺术、室内、城市规划设计、室外设计等。当前，环境艺术设计的类型主要包括建筑设计、室内设计、公共艺术设计等。此外，近年来，城市规划设计也有向环境设计方向靠拢的趋势。

（一）景观设计

景观设计又称风景设计或室外设计，它以生态观念为基础，通过艺术和技术手段以及对自然因素的合理利用，创造出具有一定文化内涵和审美价值的生活环境。景观设计包括很多方面的设计，几乎囊括了人们生活的所有室外空间，注重体现人与自然的和谐，通过整合不同的外部空间元素为人们创造优美、整洁、绿色的生活环境。环境艺术设计中的环境粗略地分为室内环境和室外环境，而景观设计就属于室外环境设计，与室内环境艺术设计相比，景观设计更加注重展现文化特性，更具文化传承的气息。当然，景观设计也需要与室内环境、周围建筑相呼应，给人一种室内室外浑然一体的感觉。景观设计也可以看作是一种改造自然的设计，使自然环境与周围建筑、社会文化更加契合，这需要设计师具有丰富的人文知识和独特的设计眼光。

景观设计覆盖面广，涉及一切人们可以感知的建筑外部行为空间，如城市广场、街道、社区、公园等场所，从而衍生出广泛的设计范畴，概括起来有四个方面：景观空间形态设计、景观生态环境设计、硬质景观设计、软质景观设计。

（1）景观空间形态设计。以植物、水体和各种材料为介质进行的空间规划。相对于室内空间来说，景观空间的界定比较模糊，但同样存在动与静、公共与私密性等不同的空间类型。因此，在进行景观空间形态的设计过程中，要充分考虑空间的覆盖、围合和联系方式，应用各种手段和资源，精心控制比例与尺度，结合点、线、面的构成规律，创造性地发掘景观空间的形态（图2-1-1）。

（2）景观生态环境设计。分析景观所在区域的气候条件、土壤状况、植被分布、动物活动和水体流动等各方面的信息，在不改变原有生态系统的情况下展现自然之美，做到人与自然和谐相处，对生态环境合理地利用和保护，使生态环境越来越好（图2-1-2）。

（3）硬质景观设计。使用"硬质"材料构建具有观赏性和舒适性的景观，其中"硬质"材料包括石材、复合材料等，"硬质"材料设计的景观一般是某一范围的视觉、活动中心。在硬质景观设计中，设计师要充分利用材料的色彩、形状，以便使景观能够愉悦人的心情、开阔人们的视野，同时要注重选材的安全、环保、耐用（图2-1-3）。

（4）软质景观设计。"软质"材料构建的景观中"软质"材料包括水、土等材料。软质景观一般是供人们观赏使用，使人身处其中能够得到身心上的放松，同时能够给使人更加亲近自然，享受绿色、健康的生活环境。软质景观设计要求设计师具有专业的土壤、水、植物等方面的知识，使设计更加贴近自然、还原自然，同时要求布局合理、层次分明（图2-1-4）。

功能、形式和生态为景观设计中需要着重处理的三个主要问题。在设计中应该相互协调关系，做到整体构思。

图2-1-1 景观空间形态设计

图 2-1-2 景观生态环境设计

图 2-1-3 硬质景观设计

图 2-1-4　软质景观设计

（二）建筑设计

建筑是人类为争取生存而创造形成，被人类所使用的空间形体，早在五十万年前的旧石器时代，原始人就已经知道利用天然的洞穴作为栖身之所，随着生产力的发展，人类需要一个更好赖以栖身的场所，这就是建筑产生的原因。随着人类的发展，在建造房屋的过程中积累知识，总结经验，不断创新，尤其到了近代，科学技术的进步，帮助人类克服了自然条件给建筑设计创作所带来的种种困难，一步步发展到如今的现代化高楼大厦。建筑设计是对建筑物的结构、空间、造型、功能以及建筑与周边环境等进行设计，它是人造环境里最重要和最基本的环境设计，其特点在于实用、坚固、美观，此三点构成了建筑设计的基本诉求。

广义的建筑设计是指设计建造一座建筑物，或者一组建筑群所要做的全部工作，它所包含的内容十分广泛，包括结构、排水、供暖、空气调节、湿度、电气、煤气、消防、安保、光学、声学、自动化控制、园林绿化、工程预算等各个方面。狭义的建筑设计是指对建筑物的结构、空间及造型、功能等方面进行设计。

建筑设计需要解决多个方面的问题，主要有以下几个方面：

（1）建筑内部能否满足人们的不同需求，功能是否完善，空间利用、布局是否合理。

（2）整体的建筑风格与周围自然环境是否和谐。

（3）建筑能否给人以美的享受。

（4）建筑设计能否在现有施工条件下实施。

（5）资金能否满足建筑设计的要求。

建筑设计是社会生产力达到一定条件的产物，随着社会分工的明确而产生的。当前，随着建筑设计的发展和人们生活水平的提高，人们对建筑的要求已经不仅仅满足于基本的生活需要，而是要求建筑不但能够满足人们的各种需求，还要展现设计之美，体现艺术气息。建筑施工技术的提高为建筑设计师设计具有艺术感染力的建筑提供了坚实的技术基础，使建筑设计师能够更加大胆地进行建筑设计，既保证了建筑功能的多样性，又能展现设计师的设计才华，如，坐落于人民大会堂西侧的国家大剧院，其壳体机构简单大气，给人一种内敛的感觉，夕阳西下，国家大剧院在灯光和外围水体的衬托下宛如一颗璀璨的珍珠，熠熠生辉（图2-1-5）。国家大剧院周围水、绿植等装饰元素，给人带来视觉享受的同时充分体现了人、自然、艺术的完美结合。

图2-1-5 国家大剧院

（三）公共艺术

公式艺术设计是相对于私人而言的，指的是在公共空间中为社会大众的活动而进行的设计，也是室外环境设计的一种。公共艺术设计的主要内容是创作与公共空间相适应的艺术品，并放在合理的位置以增加空间的艺术气息。每个人都是独立的个体，对美的看法各有不同，而公共艺术设计的作品具有共享性，需要符合社会大众的审美观念，体现人们共同的精神追求，使人们能够共同享受艺术之美，这种共享不仅是在空间上的共享，更是精神世界的共享。如果某件艺术品被个人珍藏起来，那么它就是私有不对外开放的，受个人支配，但是如果这件艺术品被个人捐献给社会，那么它就具有了公共艺术的性质。因此，私人艺术是可以转化为公共艺术的。

公共艺术作品一般建设在一些较大的城市广场，集城市精神和文明于一身，不但能够增加广场的吸引力，还能够美化广场形象，使人们更加喜欢广场运动。海滨之城青岛的五四广场上有一座火红色的钢制艺术作品，且有一个非常有特色的名字"五月的风"（图2-1-6），这件作品以一股螺旋上升的风为造型，具有很强的表现力，形象地展现了人们强烈的爱国主义情怀和强大的民族力量。同时，这件作品以大海为背景，周围用大量的绿植衬托，向人们展示着拼搏的精神。

图2-1-6　五月的风

公共空间可以在层次上分为不同的类型，主要有三种，分别是物理空间、社会空间和象征空间。所谓物理空间主要指的是空间是由物质构成的，如广场、马路、绿地等，这些空间可以通过城市规划来创造，供人们休息、娱乐、交际等。

社会空间主要指的是空间内人们的各种社会关系和准则，如影院、饭店等公共场所的行为规范等。象征空间主要指的是空间所营造的氛围，如石碑上雕刻的壁画、寺庙里的各种雕塑等。

公共空间的公共性和私人空间的私有性是相对的，但是它们又相互依存，互为补充，如果没有公共空间也就不会产生私人空间，同样如果没有私人空间也就不会产生公共空间。公共空间和私人空间的界限在城市里最为明显，因为城市汇集了来自不同地方的人群，虽然他们在同一个城市里生活、工作，但是在分工精细化的城市里，人们彼此之间的了解非常少，偶尔会有一些交往。城市里人际关系相对简单，人与人之间是相对陌生的，这为私人空间的产生提供了外部环境，同时，庞大的城市空间也是主要的公共空间。大部分城市居民都住在楼房中，这些楼房具有很强的私密性，阻碍了来自不同地域的人们相互之间的交流。但是，人们是渴望沟通的，需要与不同的人进行交流以丰富自己的精神生活，因此当人们被楼房等私人空间隔开之后，需要寻找公共空间进行交流、交往。

一般来说，公共空间的概念应当只在城市用才会产生。公共空间中的人们进行不同的交流活动，进而产生了不同的公共场所。在不同的公共场所中存在不同的行为规范，这些行为规范是基于人类正常的交往活动而产生的，它们与公共场所的功能、人群有很大的关系。公共场所按位置、功能也可以分为不同的类别，主要有文化场所，如图书馆、展览馆、学校、艺术中心、文化馆等；政治场所，如各种类型的政府单位、公共服务单位等；商业场所，如商场、购物中心、旅游景区等；一般场所，如地铁、公交、车站、机场等；休闲场所，如公园、运动馆等。

公共空间的设计要充分迎合社会大众的需求，不能以小部分人的意志而改变，这就要求设计师要做好充分的社会调查，以使设计更能展现社会精神和风貌。从广义上讲，环境设计包括了以上这些类型，它们之间既有相似，又各有所侧重，在未来发展的过程中，环境设计将随着人类需求的不断变化产生出新的发展。

（四）室内设计

室外设计从字面意思理解就是对建筑的内部进行规划，使其能够更好地满足人们的需求，为人们的生产生活服务。室内设计需要设计者充分了解建筑内部的空间结构，利用不同的材料对空间进行改造，使空间具有更多的功能。室内设计以有利于人的活动为主要目的而进行设计，可以分为以下几个方面：

（1）室内空间的改造。室内空间是人们重要的生活场所，需要对其进行合理的规划以适应人们不同的生活、工作要求。室内空间的改造是室内环境艺术设计的第一要务，为室内其他设计提供基础。因此，设计师需要充分了解空间使用者的需求，保证后续工作的顺利进行（图 2-1-7）。

（2）室内空间的装饰。室内空间改造以后需要对空间进行装饰以使空间具有愉悦身心的功能，使心情能够在空间中得到充分的放松（图 2-1-8）。

（3）室内物品的陈设。室内空间作为比较私密的生活空间，需要陈设各种物品使人们的生活更加方便，这就需要合理地陈设各种物品（图 2-1-9）。

（4）室内物理环境设计。要使人们能够舒适、安全地生活在室内环境中，除了优美的装饰、功能齐全的空间和物品外，还需要适宜的温度、通风以及其他安全保障措施等各方面的配合，这就需要设计师要充分考虑人的生活、工作、学习等习惯，有针对性地对物理环境进行布局（图 2-1-10）。

建筑设计与室内设计有相互重合和相似的地方，总体来说，建筑设计更加着眼于宏观的部分，而室内设计则侧重于建筑物内的设计和装饰。

图 2-1-7　室内空间设计

图 2-1-8 室内装饰设计

图 2-1-9 室内陈设设计

图2-1-10 室内物理环境设计

（五）城市规划设计

城市规划是指对城市环境建设发展进行综合的规划部署，创造满足城市居民共同生活、工作所需要的安全、健康、便利、舒适城市环境。城市基本是由人工环境构成的，建筑集中形成了街道、城镇乃至城市。城市的规划和个体建筑的设计在许多方面其基本道理是相通的，一个城市就好像一个放大的建筑物，车站、机场是它的人口，广场是它的过厅，街道是它的走廊，它实际上是在更大的范围为人们创造各种必需的环境。由于人口的集中，工商业的发达，在城市规划中，要妥善解决交通、绿化、污染等一系列有关生产和生活的问题。1950年前后，巴西首都里约热内卢，因城市人口高度集中使之染上了严重的城市病，为了改变巴西工业和城市过分集中在沿海地区的状况，开发内地不发达区域，1956年，巴西政府决定在戈亚斯州的高原上建设新都，定名为巴西利亚，并由奥斯卡·尼迈耶担任总建筑师。巴西利亚的城市规划颇具特色，城市布局骨架由东西向和南北向两条功能不同的轴线相交构成，它被誉为城市规划史上的一座丰碑，于1987年被联合国教科文组织收入《世界遗产名录》，是历史最短的"世界遗产"（图 2-1-11）。城市规划必须依照国家的建设方针、国民经济计划、城市原有的基础和自然条件，以及居民生产生活各方面的要求和经济的可能条件，进行研究和规划设计。

图 2-1-11　巴西利亚鸟瞰图

（六）室外设计

室外环境不具备室内环境稳定无干扰的条件，它更具有复杂性、多元性、综合性和多变性，自然方面与社会方面的有利因素与不利因素并存。在进行室外设计时，要注意扬长避短和因势利导，进行全面综合的分析与设计。日本设计师安藤忠雄于 20 世纪 80 年代末设计的"教堂三部曲"，其中"水之教堂"以"与自然共生"为主题，充分利用了室外环境，使教堂与大自然融为一体（图 2-1-12、图 2-1-13）。

2-1-12　水之教堂（1）

2-1-13　水之教堂（2）

三、环境艺术设计的色彩

色彩是环境艺术设计中，多元化的重要构成元素之一，有着先声夺人的装饰作用，能够对受众的感官和心理产生重要的引导与影响作用。因此，在设计的过程中，可以通过色彩与色彩之间的组合搭配，运用色彩的明度、纯度、色相等属性，对环境空间进行合理的设计与规划。

（一）认识色彩

色彩由光引起，三原色构成，在太阳光分解下可呈现红、橙、黄、绿、青、蓝、紫等色彩。它在环境艺术设计中的重要性不言而喻，一方面，可以展现居住者的生活习惯与品位；另一方面，通过各种颜色的搭配调和，呈现特定群体的用色特征，如儿童房间多以鲜艳明亮的色调为主，而成熟男性则会以稳重、成熟的色调进行呈现。所以，掌握好色彩搭配是环境艺术设计中的关键环节。不同色彩的光，对应空气中波长分别为：红色：750nm—620nm；橙色：620nm—590nm；黄色 590nm—570nm；绿色 570nm—495nm；青色 495nm—476nm；蓝色 476nm—450nm；紫色 450nm—380nm。

1. 色相、明度、纯度

色相是色彩的首要特征，由原色、间色和复色构成，是指色彩的基本相貌（图 2-1-14）。从光学意义来说，色相的差别是由光波的长短所造成的。

（1）任何黑、白、灰以外的颜色都有色相。

（2）色彩的成分越多，它的色相越不鲜明。

（3）日光通过三棱镜可以分解出红、橙、黄、绿、蓝、紫 6 种色相。

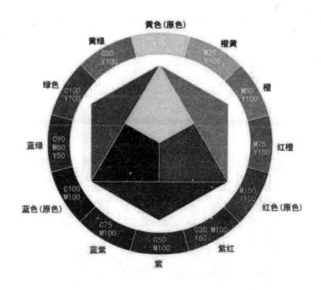

图 2-1-14　12 色相

明度是指色彩的明亮程度，是彩色和非彩色的共有属性，通常用 0—100% 的值来度量（图 2-1-15）。

（1）蓝色里添加的黑色越多，明度就会越低，而低明度的暗色调，会给人一种沉着、厚重、忠实的感觉。

（2）蓝色里添加的白色越多，明度就会越高，而高明度的亮色调，会给人一种清新、明快、华美的感觉。

（3）在加色的过程中，中间颜色的明度是比较适中的，而这种中明度色调多给人安逸、柔和、高雅的感觉。

图 2-1-15　明度

纯度是指色彩中所含有色成分的比例，比例越大，纯度就越高（图 2-1-16）。纯度也称为色彩的彩度。

（1）高纯度的颜色会使人产生强烈、鲜明、生动的感觉。

（2）中纯度的颜色会使人产生适当、温和、平静的感觉。

（2）低纯度的颜色会使人产生细腻、雅致、朦胧的感觉。

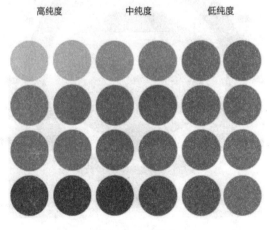

图 2-1-16　纯度

2. 主色、辅助色、点缀色

主色、辅助色、点缀色是环境艺术设计中不可缺少的色彩构成元素，主色决定着环境艺术设计整体的色彩基调，而辅助色和点缀色的运用都将围绕主色展开。

主色好比人的面貌，是区分人与人的重要因素。主色占据空间的大部分面积，对整个环境的格调起着决定性作用。

图 2-1-17　红色建筑

这是红色艺术中心建筑设计。建筑师用简练的几何建筑语言和坡屋顶对城乡接合处的开敞景观以及远山进行对比呼应，极具创意感，且外表着墨浓重的红色，在周围绿色草地的衬托下将建筑十分醒目地凸显出来（图 2-1-17）。

辅助色在空间中所占的面积仅次于主色，最主要的作用就是突出主色，同时也让整体的色彩更加丰富。

图 2-1-18　辅助色沙发

这是一款复式公寓的客厅设计。整个客厅以灰色和原木色为主，凸显出居住者简约、精致的生活方式，在客厅中摆放的绿色沙发，以适当的饱和度和明度给人时尚、个性的印象，同时丰富了空间色彩（图 2-1-18）。

点缀色主要起到衬托主色与承接辅助色的作用，通常在环境艺术设计中占据很小的一部分。点缀色在整体设计中具有至关重要的作用，不仅能够为主色与辅助色搭配做出很好的诠释，还可以让空间效果更加完善具体。

图 2-1-19　点缀色抱枕

这是一款酒店的卧室设计。整个卧室以明度偏低的灰色为主，营造了一个良好的休息环境，少量绿色以及红色的点缀，以较低的纯度在对比中给人复古、浪漫的印象，同时也让卧室的色彩感更加丰富（图2-1-19）。

3. 色相对比

色相对比是当两种以上的色彩进行搭配时，由于色相差别而形成的一种色彩对比效果，其色彩对比强度取决于色相之间在色环上的角度，角度越小，对比效果相对越弱。要注意根据两种颜色在色相环内相隔的角度定义是哪种对比类型，其定义是比较模糊的，如在色相环中相隔15°的为同类色对比，相隔30°左右的两种颜色为邻近色对比，但是相隔20°就很难定义，所以概念不应死记硬背，要多理解。其实，在色相环中相隔20°的色相对比与相隔30°或15°的区别都不算大，色彩感受也非常接近。

同类色对比是指在24色色相环（将12色相环均分）中，色相环内相隔15°左右的两种颜色，同类色对比效果较弱，给人的感觉是单纯、柔和的，无论总的色相倾向是否鲜明，整体的色彩基调容易统一协调。

图 2-1-20　电梯厅

这是一款电梯厅装置设计。该装置以自然界的结晶现象为灵感，从地面一直延伸到天花板，框住了进入电梯间的主入口，由于沉重玻璃板材通常情况下会给人厚重的感觉，但借助微妙变化的背光照明，在颜色不同明度的变化中打破了晶体结构的坚硬感，让整个装置变得十分轻盈（图2-1-20）。

邻近色是在24色色相环内相隔30°左右的两种颜色，且两种颜色组合搭配在一起，可以起到让整体空间协调统一的作用，如红、橙、黄，以及蓝、绿、紫，都分别属于邻近色的范围。

图 2-1-21　邻近色沙发

这是一款简约住宅的客厅设计。客厅以低背现代沙发、矩形茶几等家具为主体对象，在浅灰色木质墙体与地板的衬托下，给人简约、雅致的印象。特别是黄色和绿色的运用，在邻近色对比中为客厅增添了一抹亮丽的色彩，具有很强的时尚个性特征（图2-1-21）。

在24色色环中相隔60°左右的颜色为类似色对比，如红与橙、黄与绿等均为类似色。类似色由于色相对比效果不强，可以给人一种舒适、温馨、和谐而不单调的感觉。

2-1-22 类似色对比

这是一款游乐场里命名为"山丘"的景观装置设计。"山丘"以其波浪起伏的形态和活泼的色彩构建了一个奇思妙想的世界,不论是大人还是儿童,都可以在这个七彩的乐园中尽情攀登嬉戏。橙色、红色、蓝色等色彩的运用,让"山丘"具有很强的空间立体感(图2-1-22)。

当两种或两种以上色相之间的色彩在色相环中相隔120°—150°时,属于对比色关系,如橙与紫、红与蓝等色组均为对比色。对比色可以给人强烈、明快、醒目,充满冲击力的感觉,但容易引起人视觉疲劳和精神亢奋。

图2-1-23 对比色对比

这是一款幼儿园综合体设计。幼儿园以水果为设计灵感，将该空间打造成以柠檬为主题的阅读区，在黄色与绿色的对比中丰富了整个空间的色彩感，同时对孩子视力具有很好的保护作用（图2-1-23）。

在色环中相隔180°左右为互补色。这样的色彩搭配可以产生最强烈的刺激作用，对人的视觉具有最强的吸引力，其效果最强烈、最刺激，属于最强对比，如红与绿、黄与紫、蓝与橙等色组。

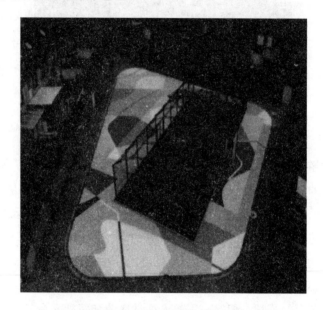

图 2-1-24　互补色对比

这是一款命名为"轨道"的地面画作设计。"轨道"是一幅围绕着足球笼的地面画作，极具几何感的画面与体育运动相结合，从视觉上放大了运动空间，塑造出动感和形态自由的场景，同时也唤起整个场地使用者的情感参与，如橙色、蓝色等色彩的运用，在互补色的鲜明对比中营造了活跃、积极的视觉氛围（图2-1-24）。

4. 色彩的温度、重量、位置、风格、面积

色彩温度的冷与暖是由色彩的冷色调和暖色调所决定的。冷色调是指在运用色彩的过程中能够让受众产生寒冷、凉爽、理智感受的颜色（图2-1-25），如绿色、蓝色、青色等。暖色调则是指能够给受众带来温暖、热情感受的颜色（图2-1-26），如红色、橙色、黄色。

图 2-1-25　冷色调

图 2-1-26　暖色调

　　色彩的"轻"与"重"主要体现为颜色明度的高低。高明度的色彩能够营造出轻快、清新、纯净的视觉效果（图 2-1-27），而低明度的色彩则会带给人一种沉重、稳定、沉稳的视觉效果（图 2-1-28）。

图 2-1-27 轻色彩

图 2-1-28 重色彩

在环境艺术设计中,色彩的"进""退"感是相对而言的,通常情况下,冷色调和明度较低的色彩会使人们产生后退的视觉效果,而暖色调和明度较高的色彩则容易使人们产生向前、突出、接近的视觉效果(图 2-1-29)。

图 2-1-29　色彩的进退感

　　"华丽感"与"朴实感"是由色彩的明度和纯度共同营造出来的，明度和纯度较高的色彩在空间中更容易产生华丽、耀眼的视觉效果（图 2-1-30）。明度和纯净较低的色彩在空间中更容易营造出朴素、厚重、踏实的视觉效果，使空间看上去更加低调、沉稳（图 2-1-31）。

图 2-1-30　华丽感色彩

图 2-1-31　朴实感色彩

　　色彩的面积是指在同一画面中因颜色所占面积的大小而产生的色相、明度、纯度等画面效果。色彩面积的大小会影响受众的情绪反应，当强弱不同的色彩并置在一起的时候，若想得到较为均衡的空间效果，可以通过调整色彩面积的大小来达到目的（图 2-1-32）。

图 2-1-32　色彩的面积

（二）环境艺术设计的基础色

1. 红色

红色是日常生活中最常见的颜色之一，具有正面和反面的双重寓意，既象征着生命和活力，又象征着死亡和危险。红色也是最引人注目的颜色，经常让人联想到燃烧的火焰、涌动的血液、诱人的舞会、香甜的草莓等。红色无论与什么色彩搭配，都会显得格外显眼。因此，红色具有超强的表现力，能够抒发强烈的情感。

红色的调性：复古、鲜明、活泼、高端、精致、神秘、冲击、个性。

红色的情感：正义、活跃、危险、警告、热情、喜庆、健康、朝气、停止、错误。

2. 橙色

橙色是自然界中常见的色彩，温暖、热情，通常情况下能够营造出欢快且富有活力的空间氛围。橙色兼具红色的热情和黄色的开朗，常能让人联想到丰收的季节、温暖的太阳以及成熟的橙子等，是繁荣与骄傲的象征。但是，橙色同红色一样，不宜使用过多，对神经紧张和易怒的人来说，橙色容易使他们感觉烦躁。

橙色的调性：雅致、原木、跳跃、积极、热情、枯燥、古朴、单一。

橙色的情感：收获、热情、活跃、激情、华丽、健康、兴奋、温暖、欢乐、辉煌。

3. 黄色

黄色是可见性极佳的暖色调，在众多色彩中能够瞬间吸引受众的注意，通常情况下能够为空间营造出欢快、温暖的视觉效果。黄色是所有颜色中光感最强、最活跃的颜色。它拥有宽广的象征领域，明亮的黄色会让人联想到太阳、光明、权力和黄金，但它时常也会带动人的负面情绪，是烦恼、苦恼的"催化剂"，会给人留下嫉妒、猜疑、吝啬等印象。

黄色的调性：清爽、理性、科技、醒目、稳重、警示、个性、张扬、喧闹。

黄色的情感：惊喜、华丽、警告、高贵、愉悦、灿烂、轻盈、辉煌、轻薄。

4. 绿色

绿色是与大自然和植物紧密相关的色彩，该色彩既不属于冷色也不属于暖色，介于黄色和青色之间，具有缓解疲劳，使人神情愉悦等作用。绿色是一种稳定的中性颜色，也是人们在自然界中看到最多的色彩。提到绿色，可让人联想到酸涩的梅子、新生的小草、高贵的翡翠、碧绿的枝叶等。同时，绿色也代表着健康，可以使人对健康的人生与生命的活力充满无限希望，给人留下安定、舒适、生生不息的感受。

绿色的调性：优雅、活力、成熟、素净、安全、环保、健康、希望、积极。

绿色的情感：青春、自然、清新、平稳、健康、友善、生机、通行、健康、环保。

5.青色

青色是一种相较而言比较难辨别的色彩，在可见光谱中介于绿色和蓝色之间，通常情况下象征着坚强、希望、古朴和严谨。青色通常能给人以冷静、沉稳的感觉，色调的变化能使青色表现出不同的效果，当它和同类色或邻近色进行搭配时，会给人朝气十足、精力充沛的感受，而当它和灰调颜色进行搭配的时，则会呈现出古典、清幽之感。

青色的调性：古典、丰富、通透、品质、深沉、镇静、清爽、单一、积极。

青色的情感：青翠、沉重、悠扬、伶俐、古朴、庄重、复古、沉静、神秘。

6.蓝色

蓝色是大自然的一种常见色彩，通常情况下会让人们第一时间联想到天空、海洋、宇宙与科技等，纯净的色彩能够营造出冷静、理智、安详等气氛。自然界中蓝色的比例很大，是自由祥和的象征。蓝色的注目性和识别性都不是很高，能给人一种高远、深邃之感。它作为一种冷色调，具有镇静安神、缓解紧张情绪的作用。

蓝色的调性：活力、鲜明、理智、雅致、科技、强烈、柔和、舒畅。

蓝色的情感：科技、广阔、冷酷、理智、安详、浪漫、安全、清爽。

7.紫色

紫色是由温暖热情的红色和沉静平和的蓝色融合而成的颜色，不同的调和比例受色彩属性的影响会为空间营造出不同的视觉效果。在所有颜色中，紫色的波长相对较短。明亮的紫色可以产生妩媚优雅的感觉，让多数女性充满雅致、神秘、优美的情调。紫色是大自然中少有的色彩，但在环境艺术设计中经常使用，会给受众留下高贵、奢华、浪漫的印象。

紫色的调性：素雅、绚丽、多彩、柔和、敏感、神秘、冷静、时尚。

紫色的情感：高雅、淡然、醒目、浪漫、温馨、华贵、清冷、神圣、尊贵。

8. 黑、白、灰

黑色是一种十分强大的色彩，能够包容世间万物，神秘而又暗藏力量。在设计当中，通常情况下会被用于底色，使其起到良好的衬托辅助作用，通常用来表现庄严、肃穆与深沉，常被称为"极色"。

白色是一个中立的色彩，与黑色一样，常常被用作背景色，可以营造出简洁、干净的空间氛围。白色通常让人联想到白雪、白鸽，能使空间增加宽敞感，白色是纯净、正义、神圣的象征，对易怒的人可起调节作用。

灰色是一种介于黑色和白色之间的色彩，没有色相与纯度，只有明度。灰色复杂、混沌，使人捉摸不透。灰色可以最大限度满足人眼对色彩明度舒适性的要求，它的注目性很低，与其他颜色搭配可取得很好的视觉效果，通常灰色会给人以阴天、轻松、随意、舒服的感觉。

黑、白、灰搭配调性：简约、时尚、个性、理性、品质、枯燥、乏味、单一。

黑色情感：稳重、低沉、神秘、优雅、庄严、科技、严肃、权力、黑暗、极端、恐怖、苦闷。

白色情感：纯净、正直、简洁、清凉、纯洁、明朗、善良、纯真、高尚、轻快、典雅、恬静。

灰色情感：温和、沉稳、善变、寂寞、冷静、暗淡、温和、平静、低沉、落寞、包容、友善。

四、环境艺术设计的布局

布局方式是环境艺术设计的基础要素。在设计之初，结合空间的比例和属性等因素，通过精心规划争取使空间的利用率最大化。

环境艺术设计布局主要分为直线型、斜线型、独立型和图案型四种。

（一）直线型布局

直线具有较强的视觉张力，直线型是被广泛应用的布局方式（图2-1-33），可分为有序直线型布局和无序直线型布局两种。有序直线型布局方式会为空间营造规整、平稳的秩序感，而无序直线型布局方式则会为空间营造流畅、畅通的空间氛围。

图 2-1-33　直线型空间布局

（二）斜线型布局

斜线型的环境艺术设计布局方式是以对角线的形式对空间区域进行划分，最大限度地提高空间的可见度，相对于直线型布局来讲更具设计感（图 2-1-34）。

图 2-1-34　斜线型空间布局

（三）独立型布局

独立型的布局方式使整体环境艺术空间看上去更加活泼生动，摆脱了规则与束缚，元素之间既互相搭配与衬托，又互不干扰（图 2-1-35）。

图 2-1-35　独立型空间布局

（四）图案型布局

图案型的布局方式使空间的氛围更加活跃生动，通过元素自身的样式或相互组合而成的造型创造出不同寻常的视觉效果（图 2-1-36）。

图 2-1-36　图案性空间布局

五、环境艺术设计的原则

环境艺术设计需要遵循一定的原则，如合理性原则、总体性原则、变化性原则等等。不同的设计原则侧重点不同，在进行相关设计时要根据实际情况进行选择。

（一）操作性原则

环境艺术设计应该建立在当今社会的基础之上，体现时代精神，满足现代生活的实际需要。作为一种体现美、传递美的学科，环境艺术设计还要综合运用不同学科的知识，展现科技水平的进步。社会科技水平的不断发展，为环境艺术设计提供了更多的可能，使环境艺术设计能够充分运用各种新技术和新材料，让设计师充分展现自己的设计才能。操作性原则指的是环境艺术设计不仅应该明确表达对象的意图，还应体现使用材料独有的特性及美感。因为，各种新材料的发展为环境艺术设计创造了充分展现设计师意图的外部环境，而环境艺术设计在使用新材料、新工艺时，应当注重与作品的整体表现效果相适应，让人能够感受到作品的内涵、特性，给人带来视觉上的享受。

（二）适应需求原则

环境艺术设计的最终目的是为了满足人们日益增长的物质与精神追求，服务的最终对象是人，这就要求环境艺术设计首先要以人的需求为设计出发点，与人的需求相适应，其次是要在适应的基础上进行创造，使人们通过作品能够发现自己新的需求。适应需求原则指的就是设计要满足人们现有的需求并且开发人们新的需求。环境艺术设计应当是一种针对性比较强的创作过程，其在目标选择上应当以人为本，为人服务。环境艺术设计师能够将生产和消费联系在一起，起到协调和衔接的作用，才能更好地为人们服务。

社会始终是向前发展的，人们在不同的历史时期有不同的需求，对美的看法也不同。当人们的某种需求得到满足之后就会产生新的需求，因此，环境艺术设计要紧跟社会发展的步伐，与时俱进，同时引领社会的需求，这对设计师提出了较高的设计要求，设计师不但要把握人们当下的需求，更要深入挖掘人们的潜在需求。

（三）价值性原则

价值是事物本身所具有的一种属性，代表着它的功能、用途以及是否满足人们的需要。对于环境艺术设计来说，价值可以从两个方面考虑，一是实用价值，二是附加价值。实用价值是作品最基本的价值，如果没有实用价值那么作品就变得没有意义。随着社会物质财富越来越丰富，人们对实用价值的要求越来越高，从而使作品的实用价值变得越来越重要，同时科学技术的发展使环境艺术设计作品要充分体现科技水平，使人们的生活更加便捷、高效。附加价值可以看作作品所表达的思想，具有一定的人文特质，从一定程度上提升作品的整体价值，是作品价值属性的重要组成部分。设计师如果想要提高作品的附加价值，就要充分考虑作品所处的时代、环境以及整个社会的价值取向，从而设计出更能符合人们价值观的作品，使作品能够融合不同的附加价值。附加价值也体现着人们的精神需求，在物质生活水平越来越高的今天，设计师要具有独到的眼光和卓绝的智慧才能不断丰富人们的精神世界。

（四）变化性原则

变化无时无刻不在进行，是人类发展中亘古不变的存在，也是促进人类不断进步的强大动力。环境艺术设计想要在变化的社会环境中展现它的魅力，就要不断更新设计标准，为时代服务。经济发展会促进新科技、新材料的进步，同时新科技、新材料又会带动经济的发展，从而影响人们的生活习惯、消费理念。变化性原则就是要求环境艺术设计师能够敏锐地观察到时代的变化，适时改变自己的设计思路、理念。环境艺术设计之所以能够在不同的时代都能留下具有时代性的作品，就在于设计是时代的产物，处在变化之中，具有时代特征的环境艺术设计作品大多都是能够体现当时社会文化的作品，体现了当时社会的文化需求。环境艺术设计也可以看作时代变化的"催化剂"，一方面它能够与当前社会的变化相结合，另一方面它能够体现变化的趋势。

（五）总体性原则

环境艺术设计要充分考虑设计的对象和环境，从整体上考虑设计元素之间的关系。总体性原则指的就是环境艺术设计要综合考虑不同的设计元素，使各个元素都能展现它的精神同时又能与其他元素相协调，要求各个元素都是为整个作品服务的。环境艺术设计师在设计作品时，要从空间、时间等不同的维度考虑，将各个元素进行有机结合，如使用对比的表现手法，突出某一元素的特点；利用植物的季节性，营造不同时节的不同氛围；利用元素大小的不同，创造丰富的想象空间。总体性原则还要求设计师在进行作品创作时要综合考虑当时的科技、文化、工业水平，使作品的后期施工能够顺利进行。

（六）信息性原则

信息是无处不在的，环境艺术作品也应当表达某种信息。作为紧跟时代发展的设计师，要及时捕捉具有时代价值的信息，并将其通过作品表达出来，让人们在享受作品的同时能够通过作品所表达的信息有所感悟。随着社会的不断发展，环境艺术设计也在发生着变化，在手工业阶段，产品的美观最重要，而在工业化阶段，产品的功能性，以及大批量生产满足生活中的功能要求的合理性最重要。在如今的信息化阶段，如果产品不能让现代人获得信息和传递信息，那就意味着它的失败。

（七）合理性原则

经典的环境艺术设计作品都是尊重社会发展规律的，因此，环境艺术设计师在进行环境作品创作时不能随心随意而为，要与客观规律相符。环境艺术设计的合理性原则包含很多方面的内容，如选材、选址的合理性，合理性中的"理"也就是事物的客观规律。环境艺术设计涉及不同的学科，需要各个元素紧密地结合在一起，并不是将各个元素胡乱地堆砌，无论是大型设计还是小型设计，都要充分考虑整体结构的合理性，保证结构在符合客观规律的基础上给人带来美的享受。

环境艺术设计不只是形式上的设计，其合理性还体现在设计能够让人感受到美，且这种美是易于让人接受，与周围环境相协调的。同时，环境艺术设计还要充分考虑设计对象所在区域的人文特质，保证设计与当地文化相符合。

（八）技术规范性原则

环境艺术设计的规范性原则指的是为了保证产品的技术质量、维护消费者权益，要遵守由国家或行业规定的相关规范标准，如可回收标志、绿色食品标准、欧盟产品安全认证标志等，这是每一位环境艺术设计师都必须要遵守的准则。

（九）可持续发展性原则

环境艺术设计的可持续发展性原则包含着设计道德，它是指产品的设计不能仅为眼前的需要，而毁坏长远的利益，既要立足当代，又要考虑未来发展。如今世界的环保问题十分严峻，保护资源，爱护环境是每个人应尽的义务，设计产品也要考虑到可持续发展，实现资源的循环利用，有效地避免能源枯竭、环境恶化。

六、环境艺术的视觉引导

视觉引导流程是指在空间中，选取一个最佳视觉区域，或最容易捕捉注意力的位置，通过各种元素的展现，引导受众的视觉流向（图 2-1-37）。

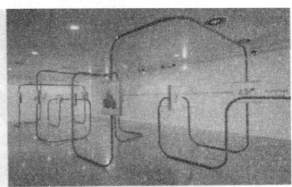

2-1-37　环境艺术视觉引导

（一）装饰物视觉引导

装饰元素的设计与使用是环境艺术设计中重要的环节之一，既可以起到美化空间的作用，又可以对空间的区域和模块进行划分，有效的视觉引导，提高装饰元素在艺术环境设计中的有效性。

图 2-1-38　装饰物引导

这是一款高端椅子制造企业工作室的环境艺术设计。在空间的中心区域设置一个造型独特的白色展示台，并将椅子元素陈列在其上，使其具有划分空间、展示元素、装饰空间、引导视线的作用（图 2-1-38）。

（二）符号视觉引导

符号是我们日常生活中常见的引导元素，简约且具有易识别性，在环境艺术设计过程中，符号元素的使用会使空间的主题与属性更加明确。

图 2-1-39　符号引导

这是一款商业空间大厅指示区域的环境艺术设计。通过简单的文字和简约风格的箭头指示，表明空间的分类，简洁明了，指示牌整体采用黑白配色方案，鲜明的对比色彩使其效果更加明显（图 2-1-39）。

（三）颜色视觉引导

色彩是环境艺术设计中最为直观、有力的展示元素，将其作为空间的视觉引导，在明确划分空间区域的同时，还能够对空间的氛围进行渲染。

图 2-1-40　颜色引导

这是一款室内食品市场的环境艺术设计，通过色彩对空间的区域进行明确划分，不同的商家各选择一种作为其代表颜色，多种色彩的结合使空间充满了视觉冲击力（图 2-1-40）。

（四）灯光视觉引导

灯光是环境艺术设计中常见的装饰元素之一，其种类繁多、样式多变，在设计的过程中，可以通过空间中灯光元素的大小、长短、形状、位置、明暗、颜色等属性对受众进行视觉引导。

图 2-1-41　灯光引导

　　这是一款精品服饰店的商业环境艺术设计，将精致的商品陈列在展示架之上，利用白色的灯光元素将展示区域照亮，通过空间的明暗对比效果对受众进行视觉引导（图 2-1-41）。

七、环境艺术设计心理学

　　环境心理学是一门研究环境与人的心理和行为之间关系的学科，又称人类生态学或生态心理学，以此来充分平衡环境与人之间的关系。在环境艺术设计的过程中，要秉持以人为本的设计理念，将人作为环境的主体，遵循人的心理活动规律。

　　首先，要了解人们在空间中的视觉范围，知道哪些范围内的元素能够对人们产生最直接的影响。人眼的视觉界限是有限的，在环境艺术设计的过程中，要根据人眼对周围环境的感受能力，将元素根据其重要程度进行合理的设计（图 2-1-42）。对于人眼来说，如果以平视为 0 度的话，那么一般人眼向上的视觉上限为 50 度，向下视觉下限为 70 度。

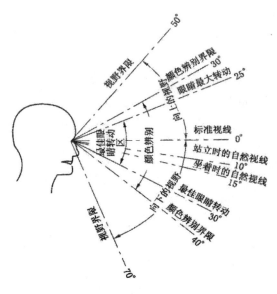

图 2-1-42 视觉界限

其次，要注重环境艺术设计的系统性。环境艺术设计虽然具有较强的综合性，但在一定范围的空间内，若干子系统之间要相互交叉、渗透、融合，增强空间彼此之间的关联性，避免突兀、尴尬的空间氛围，使整体氛围更加和谐、统一和系统。

再次，要注意空间图形给人的视觉印象。空间图形是环境艺术设计的重要表现形式，不同的图样形式能够使空间呈现不同的艺术效果，如矩形、三角形、直线等，能够使空间更加规整、稳固、流畅；圆形、曲线、波浪线等，能够使空间的氛围能更加柔和、欢快、生动，富有动感；不规则图形能够带来前卫、市场且生动的视觉效果。

最后，要注意环境可以改变人心理活动。人的心理和情绪是随着环境的变化而变化的。环境艺术设计可以通过视觉、听觉、触觉和嗅觉等元素的塑造，影响受众的心理活动。

第二节　环境艺术设计的基本原理

随着社会的多元化，人们对于居住环境的要求逐渐提高，对于环境艺术设计的审美已从单纯的形式化逐渐转变为更加富有深度的层次，因此对于环境艺术设计的研究也随之而推进。

一、设计语言

所谓设计语言，是由产品外观的体积、样式、形状、色彩、材质、肌理等构成的造型要素。在所有的设计领域中都存在着设计语言的问题，当然，不同的设计领域对于设计语言的具体要求和内容是不同的，如平面设计与产品设计的语言就不完全相同。但是，所有的设计语言都是作为一种视觉语言而存在的，它们都是由点、线、面、形态、色彩、肌理等最基本的造型元素所构成的。语言是用来传达信息的材料和媒介，对于产品设计来说，就是构成产品认知功能和审美功能的前提条件，是产品信息和能量交换的工具。

艺术设计的语言符号可分为三种类型，它们是图像符号、指纹符号和象征符号。产品的图像符号是一种空间符号，它是通过空间造型形象的相似性关系来传达信息的，这种符号使用的方法，是产品设计最重要，也是最基本的方法。所谓"造型形象的相似性关系"是一种人与物之间的空间关系，如椅子的设计，其空间形式是由人体坐姿的空间形式所决定的，椅子是人的身体空间的负形；杯子的设计也是这样，杯子的大小大多取决于手的形状，杯身的直径和形状必须与手的虎口抓握时的直径和形状相匹配，只不过人手是正形，杯子是负形。很多与人体有密切接触的设计产品，都是按照这样的设计原理来进行的，这就是"人体工程学"的设计原理之一，它实践了"以人为度"的设计思想。这种设计方法在符号学中也被称为"体示作用"，因为它无须说明，就能够由自身的形式告诉大家它具有什么样的功能，以及怎样使用它，如一个电器开关，已经有一个手指的负形存在于外形上，它就是在告诉人们手指触摸的部位与方法。

当然，有许多外形简洁、操控复杂的产品还必须使用其他，如文字、图标、图形、色彩等指示性符号，来标明其用途及如何使用，如计算机鼠标与键盘的设计最能够说明图像符号与指示符号的关系，鼠标是单纯的图像符号，它根据人体工学的设计原理完全按照手的形式设计，键盘则是由两种符号组合而成，因为键盘的键钮既有手指的负形，又必须标有不同的文字符号，以区别不同按键的功能。

象征符号是一种隐喻符号，它是通过迁移和联想作用对产品的形式语言加以引申而形成的一种观念、情感和有意味的存在性符号，这些内容往往具有审美意义。产品的非物质消费是一种象征符号的消费，大众文化、品牌概念、流行时尚、阶层意识常常对产品的象征符号有直接的影响，如路易威登（以下简称 LV）是世界的顶级奢侈品品牌，其产品除了精美的设计，考究的做工，上乘的质量之外，更多的是于 1854 年以来所形成的品牌概念，这个概念就是"高贵""名流""富裕"等身份符号的象征。全世界每一个 LV 品牌的消费者都是这个符号的拥有者，所以它的非物质功能远远超过了作为"箱包"的物质功能。

设计符号语言的表达可以分为明示功能和暗示功能这两个基本的层次。所谓"明示功能"则表示产品是什么，具有什么实用功能，其构成的物理、生理特性如何。它是一种消极的符号功能，是符号的表象层次。所谓"暗示功能"是一种积极的符号功能，是符号的内涵层次，对文化意义、精神内涵、心理活动的积极表达。举例来说，杯子是用来盛装饮用水或其他饮品的日常用器，这是作为器皿的实用功能，就此来说，它不能代表除了饮具之外的任何东西，这就是杯子符号的明示功能。但是，如果这个杯子的设计造型、色彩、材质、外观装饰等视觉形式和触觉形式中所隐含的形式美和抽象美，能够给人一种身心的愉悦和快感，并能引起人们心理的审美观照、移情联想，这时它就成了一种有意味的形式，这就是杯子符号的暗示功能。暗示功能是一种作用于主体心理的语言意境，是一种心理的活动。

二、环境艺术设计技巧

环境艺术设计是将建筑学、城市规划学、环境心理学、生态环境学、美学、社会学、经济学、心理学、民族学等学科进行综合考量的艺术设计，在构建人类赖以生存的生活空间同时，对其进行修饰、规划与合理的艺术设计，打造以人为本的空间环境。

第一，以人为本。以人为本是环境艺术设计的基础出发点，为了满足人们生活、工作和心理等各个方面的需求，提高生活水平，在设计的过程中，将以人为本的设计理念融入其中，注重受众的实际心理感受，创造出和谐、美观的环境空间。

第二，注重原生态。环境艺术设计是一门将自然环境与人工环境相结合的综合性学科，因此两者缺一不可。在设计的过程中，注重原生态环境的塑造，使整个空间氛围与自然更加贴合，创造出天然且富有生机的艺术环境效果。

第三，元素多元化。环境艺术设计是一门综合性的学科，因此设计元素也会更加多元化，根据空间的不同属性与风格，来选择各种不同类型与作用的元素进行应用、装饰与点缀，打造风格和谐统一的空间氛围。

第四，提倡高科技。随着经济与社会的发展，高科技元素已经越来越广泛地被应用于各个行业，方便、快捷、人性化的特征使其在众多元素种类之中脱颖而出，深受人们的喜爱。

三、环境艺术设计的点、线、面

世间万物均有自己的形与态，或点，或线，或面，继而演变成"点动成线，线动成面，面动成体"。点、线、面是构成空间的三要素。在环境艺术设计中，需通过点、线、面的应用来体现情感的表达与诉求，增强空间设计的艺术效果。

（一）点

环境艺术设计中的"点"是最简单的形态样式，是一切元素构成的基本条件，简约却不简单，其大小是相对而言的（图2-2-1）。不同形式的点元素所形成的效果各不相同，如单一的点元素更容易使受众的视线集中；发散的点元素在空间中会产生一种扩张、膨胀的视觉效果；向内聚合的点元素则更容易产生收缩、减弱的视觉效果。

图2-2-1 点

（二）线

环境艺术设计中的"线"是设计中一种十分常见的表达形态，分为直线和曲线两大类（图 2-2-2）。在环境艺术设计中可根据不同的空间属性与风格来选择线条的种类。直线元素营造出的氛围更加平和、规整且有序，而曲线元素的应用相对而言更加浪漫且富有活力和动感。

图 2-2-2　线

（三）面

环境艺术设计中的"面"元素应用能够使空间整体看上去更加统一化。在不同角度、方位和空间中应用面元素，则会使空间更具层次感（图 2-2-3）。

图 2-2-3 面

四、环境艺术设计中的元素

在环境艺术设计中所应用到的元素是多元化的，主要涉及色彩、陈列、材料、灯光、装饰元素或是气味等。在设计的过程中，由于诉求的不同，会将多种元素进行有机结合，创造出符合人类审美和生存观念的环境空间效果。

（一）色彩

色彩是与日常生活紧密相连的常见的设计元素，在环境艺术设计的过程中，色彩的应用能够直接对空间的氛围进行有效的渲染，轻松地奠定空间感情基调，带给受众最为直观的视觉冲击效果（图 2-2-4）。

图 2-2-4　色彩

（二）陈列

在环境艺术设计中，无论是展示元素还是装饰元素等，均会涉及陈列问题，不同的陈列方式都会有与之相对应的利与弊，因此在设计的过程中要注意扬长避短，充分发挥陈列在环境艺术设计中的独特魅力（图 2-2-5）。

图 2-2-5　陈列

（三）材料

环境艺术设计所应用到的材料十分广泛，由常见的木、竹、石、土、砖、瓦、混凝土逐渐发展到高分子有机材料、新型金属材料和各种复合材料等（图 2-2-6）。在环境艺术设计发展的过程中，也越来越注重安全性、私密性、耐用性、舒适性、方便性与艺术性等。

图 2-2-6　材料

（四）灯光

环境艺术设计中室内外的灯光照明效果，除了对空间进行基础照明以外，同时也能够对空间的氛围进行烘托与渲染，进而塑造空间形象，营造空间氛围，增添空间的艺术感染力（图 2-2-7）。

图 2-2-7 灯光

（五）装饰元素

在环境艺术设计中用装饰元素对环境艺术空间进行装饰与点缀，使空间的整体效果看上去更加丰富且充满设计感和艺术氛围（图 2-2-8）。

图 2-2-8 装饰元素

（六）气味

气味：环境艺术设计中通过气味对嗅觉的刺激引导受众的心理变化，是氛围渲染、吸引受众、传递情绪的重要表达方式。

第三节 环境艺术设计的空间分类

环境艺术设计是一门综合性学科，在设计的过程中，会将建筑室内外进行整合，例如客厅、卧室、餐厅、书房、卫生间、玄关、休息室、创意空间、庭院、商业空间等，均在设计的范围之内。

一、建筑内部空间

（一）客厅

客厅又叫起居室，是室内使用较为频繁的公共空间，装饰装修风格与整个空间的风格协调统一，在设计的过程中，既注重美观性，又注重实用性。

特点：风格明确；个性鲜明；区域划分合理；通常情况下会摆放植物盆栽。

设计技巧：风格统一的色调。色彩的搭配与选择是客厅设计中重要的环节之一，其中风格统一的色调能够在空间中形成色彩上的呼应，使整个空间看上去更加协调统一。

色彩调性：时尚、简约、韵味、鲜明、明朗、通透、个性、优雅。

常用色彩搭配：

（1）青色具有通透、古典的色彩特征，在同类色对比中通常给人统一、和谐的印象。

（2）红色一般给人鲜明、艳丽的感受，搭配明度适中的灰色，具有一定的中和效果。

（3）绿色搭配黄色，以适中的明度和纯度营造了青春、活力的视觉氛围。

（4）蓝色是一种充满理性的色彩，搭配无彩色的黑色，具有稳重、成熟之感。

（二）卧室

卧室又称卧房，是人们用来休息睡觉的房间，室内设计中最注重隐私的空间之一，在设计的过程中，需要根据卧室主人的喜好进行设计与搭配，造型既要和谐统一，又要不乏变化的效果，还要温馨舒适。

特点：排布规划合理；讲究舒适与情调的完美统一；多采用暖色调；注重墙面的装饰。

设计技巧：点、线、面综合应用。在室内设计中，点、线、面是造型设计当中三种基础元素。在设计的过程中，通过各种元素的有机结合与搭配，共同造就了室内设计的完整与完美。

色彩调性：简约、明亮、环保、华丽、时尚、鲜明、素雅、单一。

常用色彩搭配：

（1）黄色是一种十分引人注目的色彩，搭配无彩色的黑色具有中和效果。

（2）棕色由于饱和度偏低具有稳重的色彩特征，在同类色搭配中极具视觉统一性。

（3）青灰色搭配明度适中的红色，在颜色对比中给人优雅的视觉感受。

（4）蓝色搭配橙色，以适中的明度和纯度给人活跃、积极的印象，深受人们喜爱。

（三）餐厅

餐厅是人们日常吃饭和与人沟通的重要场所，在设计的过程中，应注意布局的流畅与安全性，注重光线、色调、桌椅等元素的安排，在视觉上给人和谐统一的感觉。

特点：注重实用性和效果相结合；温暖的光线；流畅、便利。

设计技巧：区域划分明确。区域的明确划分在空间中具有一种导向性和说明性，能够让受众在第一时间认知到每个区域的具体分类和属性。

色彩调性：健康、鲜明、雅致、古典、清新、宽敞、明亮。

常用色彩搭配：

（1）纯度偏高的橙色十分引人注目，在同类色的搭配中刺激人们的食欲。

（2）绿色是一种代表健康、天然的色彩，搭配无彩色的黑色增添了些许的稳重感。

（3）明度偏高的黄色给人活跃、积极的感受，搭配灰色，具有一定的中和效果。

（4）蓝色具有理性、浪漫的色彩特征，搭配棕色，在冷暖色调对比中十分醒目。

（四）书房

书房又称家庭工作室，既是家庭的一部分，又是办公室的延伸，用于阅读、学习、工作等，因此在设计的过程中，营造出宁静、沉稳的感觉，人在其中才不会心浮气躁。

特点：色调沉稳；氛围安静；注重采光与照明。

设计技巧：沉稳的色调。书房的设计通常情况下会采用沉稳低调的布局方式，低饱和度的色彩更容易让人觉得安静和沉稳，利于人们静下心来。

色彩调性：大方、简约、鲜活、柔和、稳重、静谧、单一、明亮、通透。

常用色彩搭配：

（1）洋红色的明度偏高，十分引人注目，搭配无彩色的灰色具有很好的中和效果。

（2）绿色搭配橙色，以适中的明度和纯度给人醒目、直观的视觉印象。

（3）红色是一种极具优雅气质的色彩，搭配棕色可以在对比中给人稳重、成熟的印象。

（4）紫色具有神秘、高贵的色彩特征，搭配无彩色的黑色可以让这种氛围更加浓厚。

（五）卫生间

卫生间是厕所、洗手间、浴池的合称，一个小小的卫生间需要满足洗漱、沐浴、如厕等需要，甚至还需要带有收纳、洗衣、烘干、干湿分离等功能。因此，卫生间在设计的过程中，既要注重美观性，又要考虑空间的实用性。

特点：注重干湿分离；巧妙规划、利用空间。

设计技巧：利用圆形元素活跃空间氛围。图形是环境艺术设计常用的设计元素之一，其中，圆形元素的应用可以通过自身圆滑、柔和等属性来活跃空间氛围。

色彩调性：优雅、冷静、鲜明、简约、个性、强烈、时尚、稳重。

常用色彩搭配：

（1）明度偏低的青灰色具有高雅的色彩特征，搭配灰色尽显空间的高雅格调。

（2）棕色搭配深灰色，以较低的纯度在对比中给人稳重、古典的视觉印象。

（3）青色搭配红色，在鲜明的颜色对比中十分引人注目，深受人们喜爱。

（4）橙色搭配浅粉红，以适中的明度在邻近色对比中凸显活跃、柔和的色彩特征。

（六）玄关

玄关又称门厅，是指建筑物入门处到正厅之间的一段转折空间，在环境艺术设计中具有一定的缓冲、装饰与隔断的作用。

特点：注重间隔与私密性；美观与实用性统一；统一的风格与情调；具有装饰和隔断效果。

设计技巧：多运用木质材料。实木材料是典型的绿色环保材料，具有不可替代的天然性和良好的可加工性，经久耐用、易于搭配。

色彩调性：明亮、血香、时尚、清新、柔和、古典、稳重、理性。

常用色彩搭配：

（1）纯度偏低的深红色具有优雅的特征，搭配浅灰色让这种氛围更加浓厚。

（2）浅棕色是一种较为柔和的色彩，搭配明度适中的蓝色增添了些许的活力感。

（3）青绿色是一种健康自然的色彩，搭配橙色在鲜明的颜色对比中十分醒目。

（4）枯叶绿的纯度偏低，具有些许的压抑感，搭配紫红色具有一定的中和效果。

（七）休息室

休息室是人们用来休息和放松的空间，能够让人们经过短暂的休息使身心得到放松与修复，因此，在设计的过程中要着重注意人们的体验和感受。

特点：色调平稳；注重舒适度；氛围安静；使人身心放松。

设计技巧：舒适的沙发、座椅。舒适的沙发与座椅是休息室必备的元素，柔软舒适的材质能够为人们休息的时候提供更加温暖的环境。

色彩调性：典雅、复古、理性、简约、舒适、柔和、明亮、放松、时尚。

常用色彩搭配：

（1）橙色搭配橄榄绿，以较低的明度给人稳重、优雅的印象，深受人们喜爱。

（2）纯度偏高的浅橙色搭配灰色，在颜色对比中给人柔和、温馨的感受。

（3）红色搭配黄色，以较高的明度和纯度凸显活跃、醒目的色彩特征。

（4）青色是一种具有通透、放松特征的色彩，搭配无彩色的黑色增添了些许的稳重感。

（八）创意空间

环境艺术的创意空间是通过与众不同且带有一定艺术效果的空间，创造出使人眼前一亮的氛围。

特点：风格独特；具有丰富的艺术内涵。

设计技巧：丰富大胆的配色。色彩是创意空间中独特且充满力量感的装饰元素之一。丰富大胆的配色容易使室内的空间显出活跃与前卫的氛围。

色彩调性：内涵、鲜明、时尚、品质、个性、精致、古典、稳重。

常用色彩搭配：

（1）墨绿色以较低的纯度给人优雅的视觉印象，搭配橙色十分引人注目。

（2）黄色具有活跃、积极的色彩特征，搭配无彩色的灰色具有一定的中和效果。

（3）蓝色搭配明度适中的棕色，在冷暖色调的鲜明对比中给人冷静、稳重之感。

（4）青色是一种具有古典气息的色彩，搭配深红色在对比中让这种氛围更加浓厚。

（九）商业空间

商业空间是人类活动空间中最复杂、最多元的空间类别之一，因此，在设计的过程中，要充分保持人、物与空间三者之间关系的平衡。

特点：善于使用引人注目的视觉营销；通过动线引导行进路线。

设计技巧：注重主题元素突出。商业空间，顾名思义是以商品交换为主体的空间设计，因此在设计的过程中，要将商品作为主要的展示元素，突出空间的主题氛围，以达到商业目的。

色彩调性：柔和、鲜明、清新、复古、稳重、理智、简约、时尚。

常用色彩搭配：

（1）绿色是极具生机与活力的色彩，在同类色搭配中具有统一和谐的视觉美感。

（2）蓝色搭配红色，适中的明度和纯度在颜色对比中十分引人注目。

（3）黄色具有活跃、积极的色彩特征，搭配无彩色的灰色，可以提升空间格调。

（4）明度适中的橙色搭配无彩色的黑色，中和了颜色的跳跃感，增强了视觉稳定性。

（十）庭院

庭院是指被建筑或围栏等物所包围的室外场地，在设计的过程中，借助园林景观规划设计的各种方法，使居住环境进一步被分化。

特点：动静结合；视觉平衡。

设计技巧：低矮植物有机结合。植物是庭院中最为常见的装饰元素之一，低矮植物由于具有较好的可观性和协调性，会为庭院带来更加亲切的空间效果。

色彩调性：清新、通透、精致、鲜明、健康、自然、活力、生机。

常用色彩搭配：

（1）红色搭配黄色，在邻近色对比中给人活跃、积极的视觉感受，深受人们喜爱。

（2）浅灰色具有柔和、简约的色彩特征，搭配明度偏低的蓝紫色增添了些许稳重感。

（3）橄榄绿的明度偏低，给人古典、优雅的印象，搭配亮橙色提高了空间的亮度。

（4）青色搭配棕色，在冷暖色调的鲜明对比中给人稳重、通透的视觉印象。

二、建筑外部空间

（一）外部空间特性

建筑的外部空间在它的形成过程和使用上有其自身非常明显的特性，这些特性有些是空间使用的，有些是在环境形成后由各种因素综合而来的，是一个综合而复杂的过程。在进行外部空间设计时，首先应该了解它的基本特性。

1.建筑外部空间一般特性

建筑外部空间的建筑物在其围合的程度和方式上具有不同的特性，而这一类特性是由在空间中起到控制作用的建筑物的布局方式决定的，称之为一般特性。

建筑的外部空间在人们的生产和生活中承担着不同的作用，不管是哪一类型的空间，在使用之外都会有一些特性是相同的。在剔除了空间功能的问题之后，建筑外部空间的尺度和建筑对外部空间的围合程度是外部空间一般特性的两大决定因素。空间的大小与可以容纳的活动有直接的关系，不同大小的空间使用的环境要素、环境设施、设计手法等都有所不同，小空间的亲切宜人和大空间的宏伟都是由空间尺度这一因素决定的。

建筑物对空间起着决定作用，是因为建筑物本身是环境中最大的视觉元素，或者说，建筑群体一般情况下先于外部空间存在，它们的组织方式除了赋予外部空间尺度的差别之外，还有一个非常重要的作用，那就是确定空间的围合程度。建筑物的高度以及它们之间的距离等，决定了外部空间是否封闭、是否开敞、是否形成了空间序列等，即赋予了外部空间的一般特性。

建筑空间一般可以分为封闭空间、半封闭空间、开敞空间和由不同封闭程度的空间共同组成的空间序列，可以营造空间的私密性。其空间特性的判断与建筑空间基本一致，不同的是人们在使用内部空间和外部空间的时候，对人际活动的尺度存在一定的差别，内部空间中的亲密尺度在外部空间中一般会被放大，因此，不能以内部空间的尺度经验来处理外部空间。需要在学习和生活中建立外部空间的尺度概念，以便在工作中更好地运用。

2. 建筑外部空间艺术特性

环境具有一定的艺术特性。环境艺术和其他艺术一样，具有自身独立的组织结构，利用空间环境构成要素的差异性和同一性，通过形象、质地、肌理、色彩等向人们表达某种情感，有一定的社会文化、地域、民俗含义，是自然科学和社会科学以及哲学和艺术的综合。

环境是一种空间艺术建筑的外部环境，是空间的一种形式，同样也是一种空间的艺术，它不仅要通过构成环境设施的质地、色彩、肌理向人们展示其形象，表达某种情感，而且要通过整体的空间形象向人们传达某种信息。除此之外，还要通过对外部环境的空间造型、色彩基调、光线以及尺度等各方面的协调统一，依据建筑形式美的原则，反映其艺术特征。整体的艺术形象是为了人们的注意力，实现空间的行为目的，因此和人们的日常行为心理相呼应，它不仅表达了一定的文化含义，同时也对环境有一定的美化作用。

3. 建筑外部空间文化特性

建筑的外部空间是由自然环境和人工环境共同构成的，因此，这个空间既有自然的属性同时也具有一定的社会属性，在一定程度上它反映着社会文化。建筑是社会文化的产物，发展至今也从某种程度上代表着自己特定的文化，可以说，现在的建筑已经具备了一定的文化特性，因此，由建筑物围合的空间也具有一定的文化特性，用于塑造空间的要素在外部空间中会呈现出不同的组织关系和面貌，这些要素本身也会给整个外部空间带来一定的文化特性。建筑的外部空间是人们一定行为的空间载体，为人们的行为服务，同时也是行为认可的结果。建筑外部空间的存在和人们日常的观念、行为、习俗、价值观相一致，才有可能将人们聚集在一起。

在进行建筑外部空间设计时，应该将使用者的文化背景、地域特征——并考虑在内。建筑的外部空间往往会从形象上反映其文化特征，建筑物会因为周围的文化背景和地域特征而呈现出不同的建筑风格，外部环境同样也会这样，呈现出不同的风格，形成与文化背景相呼应的环境形象。

（二）建筑外部空间设计原则

1. 空间组织立意原则

每座建筑都会有自己的风格、主题，而建筑外部空间设计风格需要与建筑的风格、主题协调，融为一体。一般来说，建筑空间外部设计风格是为建筑而服务的，不同的建筑外部空间设计风格采用的景观配置方法不同，因而产生的效果也不同。一些现代风格的建筑需要搭配现代风格的景观配置，而具有地方特色的建筑则需要在总体建筑空间设计上体现地方人文特点，展现地方文化气息，并带有浓厚的历史意蕴。城市设计、建筑设计、建筑空间设计等都具有一定的设计规律，而这些规律基本都是相通的，如对称轴等。另外，对于建筑外部空间设计来说，设计不但要考虑空间的总体开放性，而且要考虑空间的私密性。建筑外部空间中的公共空间主要是为空间中大部分人的活动而服务的，这就要求公共空间设计要体现服务型、舒适性，展现空间的开阔，私密空间主要是为建筑空间中的少部分人的活动而服务的，这要求私密空间设计要营造出静谧、温馨的氛围。

2. 体现地方特征原则

文化是多元的，民族是多样的，不同的地区有各自的地域文化和民族文化。大部分建筑都会与当地的文化相结合，而建筑外部空间设计也要与当地的文化相适应，这一点尤其要体现在当地的外部景观设计中。我国地域辽阔、民族多样，在进行建筑外部空间设计时，设计师尤其要注意体现当地文化特色，这对于体现我国民族文化多样性，保护地区文化也有很重要的意义。我国广袤的地域和多样的地形，同样为建筑外部空间设计提供了丰富的设计条件和元素，因此，设计师也应当充分利用不同地区的地形条件设计出具有当地特色的景观。

3. 使用现代材料原则

建筑外部空间设计作为一门利用外部元素进行设计的学科自然需要利用不同

的设计材料。设计时，设计师应当尽量就地取材，将当地材料与设计融为一体。当前，建筑外部空间设计的材料选择主要有以下几种趋势：

（1）材料选择有自己的个性，不一定是国家标准的材料。

（2）经常利用一些复合材料。

（3）经常利用一些特殊材料。

（4）善于发觉材料本身的内涵和特点。

（5）充分利用彩色展现情感。

（6）经常使用组装材料。

另外，建筑外部空间设计也需要考虑建筑所在的地段以及业主的特别要求。建筑外部空间的景观设计有的是需要时常维护才能保持设计所表达的内涵的，因此，设计还应当将维护的便捷性考虑在内。否则，在自然、人为的逐渐破坏下会慢慢失其本色。

4.点线面相结合原则

建筑外部空间景观设计中点、线、面的完美结合能够使作品更加丰富多彩，如可以使用景观中的道路、溪水等将散落在景观中的点连接起来，使整个景观看起来井然有序；可以将景观中的道路、河流等线进行交叉组合，形成一个面，使景观看起来更加大气。建筑外部景观设计的一个原则就是让点、线、面的结合协调、美观，体现自然之美。空间布局、分类是建筑外部景观设计中非常重要的方面。景观设计中，设计师要充分考虑人与自然的有机结合。一般建筑景观设计要考虑一下几种空间：

（1）地面空间。地面空间的设计要充分创造人与地面接触的空间，增加人们亲近地面的可能性，使人们能够自由地在地面上活动。

（2）水体空间。水体空间的设计要充分利用水文化，展现中国传统文化中水的内涵，使人们喜爱水、爱护水。

（3）绿色空间。绿色空间的设计要使人们能够感受到自然的活力，享受自然绿色之美，并使人们在享受自然的同时更加爱护自然。

（4）亲子空间。亲子空间的设计主要是能够吸引儿童的注意力，并能够启发儿童的思维，培养儿童的合作意识，展现儿童的想象力和创造力。

当然，这些设计原则是外部空间设计所共有的，具体到每一个不同外部空间，还会有它自己的一些具体的内容。从功能到风格，再到环境要素的运用，都会随着具体的环境而产生变化，但不管具体的要求有多么千差万别，外部空间的基本属性是不会变化的，因此，总体的设计原则一般情况下是适用的。

第四节 环境艺术设计的风格分类

环境艺术设计是对建筑的室内外进行艺术性的综合设计，在设计的过程中要注意元素之间的有机结合，通过设计元素之间的搭配，设计出不同风格类型的空间效果。环境艺术设计风格大致可分为中式风格、简约风格、欧式风格、美式风格、地中海风格、新古典风格、东南亚风格、田园风格和混搭风格等。

中式风格：将庄重与优雅的气质相融合，以深色为主，古典、质朴，具有深厚内涵。

简约风格：简约而不平凡，功能性强，强调室内空间形态和物件的单一性与抽象性。

欧式风格：烦琐精细、豪华大气。

美式风格：客厅简明、厨房开敞、卧室温馨、书房实用，崇尚古典、粗犷大气。

地中海风格：崇尚清新自然的生活氛围，将海洋元素融入家居中。

新古典风格：精雕细琢的同时将线条进行简化，华贵与时尚并存。

东南亚风格：静谧雅致、奔放脱俗，散发着浓郁的自然气息与民族特色。

田园风格：追求原始、自然之美，清新恬淡，超凡脱俗。

混搭风格：混搭并非乱搭，崇尚和谐统一，形散而神不散。

一、中式风格环境艺术设计

中式风格环境艺术设计的装饰材料以木材为主，并配有精雕细琢的龙、凤、龟等图案，简约朴素、格调雅致，文化内涵丰富，且与民族文化相互贯通、相互体现，密不可分。在结构设计中讲究四平八稳，遵循均衡对称的原则。

特点：具有庄重和优雅双重气质；空间层次感强烈；色彩浓烈而深沉；空间设计左右对称，格调高雅，造型简朴而优美；多用隔窗或屏风对空间进行分割。

设计技巧：不同部分的精彩构成。在为居室空间进行中式风格设计时，要将传统文化与现代文化有机结合，用装饰语言和符号装点出符合现代人审美观念的居室空间。

色彩调性：高贵、朴实、水墨、诗意、规整、中式、包容、端庄。

常用色彩搭配：

（1）纯度和明度偏低的橙色具有复古、典雅的色彩特征，搭配黑色可以增强稳定性。

（2）橙色搭配深红色，在颜色一深一浅中给人活跃又不失稳重的视觉感受。

（3）明度和纯度适中的红色搭配无彩色的灰色，具有雅致、成熟的色彩特征。

（4）纯度偏低的黄绿色搭配青色，是一种充满诗情画意的色彩，深受人们喜爱。

（一）庄重的环境艺术设计

庄重的中式风格蕴含一定的文化底蕴，透露着浓厚的历史文化气息，用线条把空间塑造得更为简洁精雅（图 2-4-1）。

图 2-4-1　庄重

设计理念：这是一款餐厅就餐区域的环境艺术设计。设计讲究空间的层次感，注重空间的细节，展现出中式文化内涵的韵律。

色彩点评：

（1）居室设计崇尚自然，使氛围感更为浓郁、古朴。

（2）空间采用对称式的布局，造型朴实优美，把整个空间格调塑造得更加高雅。

（3）青花瓷的装饰盘和暗黄色的梅花背景墙装饰，更能凸显出东方文化的迷人魅力。

（4）天花板采用内凹式，所形成的方形区域既可以展现出槽灯轻盈感的魅力，又能完美地释放吊灯的简约时尚感。

（二）新颖的环境艺术设计

新中式风格是以中国传统文化为背景，再融合当今的时尚元素，营造出富有故土风情的浪漫生活情调（图 2-4-2）。

图 2-4-2 新颖

设计理念：空间设计运用实木、瓷器，使空间传递出中式风格特有的古典气氛。

色彩点评：

（1）白色、金色、暗红、黑色是中式风格空间设计的主色调，外加高挑的空间设计，使环境看起来更加明亮。

（2）金色花纹的茶几、青绿色的瓷器和镂空的背景装饰，加深了室内空间的历史文化特色。

（3）统一的对称搭配，更能体现出空间的协调性、整体性。

（4）吊顶中心装饰了硕大的灯池，使具有文化神韵的空间融合了一点时尚感，令空间更加神采焕发。

二、简约风格环境艺术设计

简约风格的环境艺术设计不等同于对环境装饰进行简单的堆砌与平淡的摆放，而以"务实"为设计的出发点，通过简约而不简单的设计手法，创造出美观、实用而又简约的空间效果。

特点：外形简洁、功能性强；强调单一性与抽象性；追求设计的深度与精度；线条流畅；工艺精细。

设计技巧：线条的简单装饰。线条元素是环境艺术设计中常见的装饰元素，不同类型的线条可以辅助空间风格与氛围的形成，如直线线条营造出的平和与秩序感，曲线线条营造出的浪漫与柔和感等。

色彩调性：明亮、理性、摩登、优雅、简约、个性、素净、明亮。

常用色彩搭配：

（1）绿色搭配橙色，在冷暖色调的鲜明对比中给人活跃、积极的视觉。

（2）灰色是一种具有高级感的色彩，搭配明度偏低的蓝色，具有很强的高端格调。

（3）橙色具有鲜活的色彩特征，深受人们的喜爱，搭配黑色可以增强视觉稳定性。

（一）极简风格的环境艺术设计

极简风格的环境艺术设计崇尚简约而不失质感，在设计的过程中，摒弃复杂，使用简单、基本的装饰元素和少量的色彩与大面积的留白，打造纯粹、简约的空间效果（图2-4-3）。

图 2-4-3 极简

设计理念：这是一款住宅内玄关区域的环境艺术设计。通过简洁明快的设计手法，打造极简主义且富有诗意的空间氛围。

色彩点评：

（1）采用低饱和度的无彩色系装饰空间，营造出平和、稳重的空间氛围。

（2）空间摒弃了烦琐复杂的设计手法，简约的灯带与圆形的内嵌式壁灯将空间照亮。

（3）通过矩形将空间的区域进行划分，简洁、规整的图形和流畅的直线线条打造极简且富有层次感的空间氛围。

（4）大面积的镜子元素将空间进行反射，使玄关处的空间更为宽阔。

（二）淡雅风格的环境艺术设计

淡雅风格的环境艺术设计总体来讲是一种简约大气、轻奢中带有一丝朴实的空间效果，精巧、舒心，且富有一定的文化底蕴（图 2-4-4）。

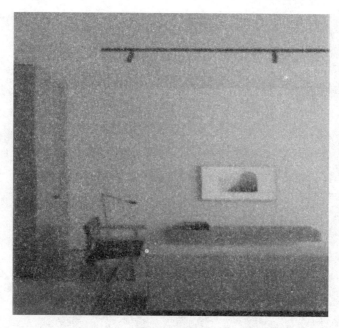

图 2-4-4　淡雅

设计理念：这是一款酒店客房起居室的环境艺术设计。以自然色调的材料为特征，为客人提供了更加开放和温馨的环境。

色彩点评：

（1）选取自然界中的色彩，低饱和度的配色方案打造温和、舒适、朴实的空间氛围。

（2）"人"字形地板布置在整个家庭中，使空间呈现规整且不失变化的效果。

（3）实木材质与纺织布料沙发相搭配，营造出温馨舒适的休息空间。

（4）纵向纹理的地毯与置物架的色彩，实木材质的座椅与衣柜和地板的色彩形成呼应，打造了和谐统一的空间氛围。

三、欧式风格环境艺术设计

欧式风格在追求浪漫、优雅的同时也尽显恢宏大气、高贵奢华，因此该风格的设计常被运用于别墅、会所或是酒店的项目当中，来体现空间气质的优雅和生活的品质感。

特点：具有大量装饰品；具有丰富的想象力；注重空间感与立体感的体现；注重建筑与雕刻和绘画的结合；造型以曲线元素为主。

设计技巧：精致的雕刻艺术增强空间层次感，是欧式风格环境艺术设计最为常见和基础的装饰元素，精雕细琢的造型通过其细腻的细节和丰富的层次增强了空间的层次感。

色彩调性：精致、古典、优雅、高端、奢华、成熟、华丽。

常用色彩搭配：

（1）青色具有通透、复古的色彩特征，搭配棕色给人高雅的视觉印象。

（2）红色是一种极具高贵与时尚的色彩，搭配无彩色的黑色，瞬间提升了空间格调。

（3）棕色的明度和纯度较为适中，在同类色搭配中给人统一、和谐的感受。

（4）绿色和蓝色同为冷色调，二者相搭配在邻近色对比中尽显空间的高端与雅致。

（一）奢华风格的环境艺术设计

欧式风格的奢华感主要体现在浓郁纯粹、高雅的配色和精致优雅的装饰元素之上，通过多种元素的结合，打造华丽而又精美的环境艺术效果（图2-4-5）。

图2-4-5 奢华

设计理念：这是一款欧式走廊的环境艺术设计。通过精致高贵的装饰元素打造奢华大气的空间氛围。

色彩点评：

（1）空间以蔚蓝色为主色，高雅大气的色彩与镀金材质的黄色系相搭配，互补色的配色方案可以增强空间的视觉冲击力，在右侧配以黑色作为点缀，对色彩基调进行沉淀。

（2）将元素分布在空间的左右两侧，规整的布局使整个空间更加精致、高雅。

（3）空间中三种精致的灯光彼此之间形成呼应，家具风格统一，为整体氛围营造出和谐统一之感。

（4）左右两侧的窗户和走廊尽头，均采用拱形建筑结构，形成了典型的欧式风格，同时也使空间氛围更加协调。

（二）尊贵风格的环境艺术设计

尊贵风格的环境艺术设计整体氛围高雅庄重、高端大气、风情万种，具有丰富的文化底蕴和艺术内涵，整个空间精美且充满层次感（图2-4-6）。

图 2-4-6 尊贵

设计理念：这是一款酒店内客厅区域的环境艺术设计。空间通过优雅淡然的配色和精致饱满的装饰元素，打造出尊贵风格的空间氛围。

色彩点评：

（1）空间以低饱和度的灰绿色为主色调，平和淡然的色彩搭配浓郁浑厚的深红色，并配以少许的金属色作为点缀，打造尊贵、优雅的空间氛围。

（2）地毯上优雅大气的花纹与温柔浪漫的窗幔形成呼应，并在座椅和抱枕上配以小巧的花纹对空间进行点缀，打造清新与复古并存的空间效果。

（3）墙壁上精心雕刻的纹路与相框、沙发、椅子、茶几元素的造型形成呼应，使空间效果更加和谐统一。

（4）雕刻元素与壁灯的选择为空间增强了层次感。

四、美式风格环境艺术设计

美式风格，顾名思义，是一种源自美国的装修和装饰风格，由于美国崇尚自由，因此在其装修装饰风格上，也注重自在、随意的体验与感受。在设计的过程当中，没有过多的装饰与约束，创造出大气、怀旧且随意的空间氛围。

特点：厚重的外表；粗犷的线条；注重实用性；整体充满自然气息；宽大舒适。

设计技巧：木质元素的应用增强空间的厚重感。木质元素是一种实用、经久且自身带有自然之美的装饰元素，风格百搭，色调沉稳，在环境艺术设计当中也是环保的元素之一。因此，木质元素越来越广泛地被应用于环境艺术设计当中。

色彩调性：简明、温馨、宽敞、素雅、粗犷、实用、高贵、自然。

常用色彩搭配：

（1）绿色搭配棕色，以适中的明度给人稳重、大方之感，十分凸显居住者的气质。

（2）棕色是一种古典、高雅的色彩，同类色搭配可以增强空间的层次立体感。

（3）红色具有鲜艳、热情的色彩特征，搭配纯度偏低的蓝色极具视觉稳定性。

（4）明度偏高的黄色十分引人注目，搭配无彩色的黑色具有很好的中和效果。

（一）怀旧风格的环境艺术设计

随着信息化时代的不断发展，怀旧风格以返璞归真的特点逐渐走进人们的视野，在设计的过程当中，通常采用低饱和度的配色方案和典雅稳重的造型，为环境营造出复古、沧桑之感，给人无限的安全感与踏实感（图2-4-7）。

图 2-4-7 怀旧

设计理念：这是一款起居室的环境艺术设计。空间装饰古朴自然，通过石材、木材和纺织品之间的融合，创造出温馨、舒适的空间氛围。

色彩点评：

（1）空间整体色调温暖稳重，以实木色为背景，低饱和度的红色地毯使空间更加温暖厚重，不同色彩的石质材料让空间的氛围更加饱满、充实。

（2）暖色调的吊灯与壁炉内的火焰相互呼应，使空间更加温暖、温馨。

（3）空间线条粗犷大气，外表厚重沉稳，是典型的美式风格设计。

（4）壁炉上方的壁画色调沉稳平和，与空间的氛围相互呼应，营造出和谐统一的室内空间氛围。

（二）清新风格的环境艺术设计

清新风格的环境艺术设计清雅明净，因此多以明快、纯粹、细腻的色彩为主，并在设计的过程当中，加以自然界的元素对空间进行点缀，打造使人身心舒适的环境艺术效果（图 2-4-8）。

图 2-4-8　清新

设计理念：这是一款起居室内交谈区域的环境艺术设计。室内环境摆脱了常规的沉重、粗犷的设计风格，将清新作为主要的设计理念。

色彩点评：

（1）空间配色丰富。以白色为底色，奠定了纯洁、明净的色彩基调，并将座椅设置成淡黄色系，与实木茶几和餐桌形成呼应，配以少许的红色作为点缀，使空间更加温馨、温暖。深蓝色的丝绒材质沙发对较为清淡的配色进行沉淀，避免了过多浅色系带来的审美疲劳。

（2）茶几上不同颜色绽放的花朵，让整体环境的清新效果更加浓厚。

（3）空间功能区域划分明确，元素选择大气不失自然清新，营造出舒适温馨且优雅的空间氛围。

（4）简洁大气的落地灯与饱满热情的装饰元素形成反差，在对区域进行简单照亮的同时也成了很好的衬托元素。

五、地中海风格环境艺术设计

地中海风格给人的感觉是矗立在海边的静谧与舒心，呈现本色的唯美，自然就是真的本质。开放自由的空间是地中海分割的美学体现，在这种自由与开放的环境中，室内设计的元素也要与之天然合一，在窗帘、桌布与沙发套、灯罩的选用上，应以格子图案、条纹或细花的棉织物为主，清新质朴。地面的设计可以选择马赛克风格的地砖进行铺设，体现一种朦胧之美，小石子、贝类、玻璃的镶嵌会增加更多的海洋气息。蓝白是比较经典的地中海颜色搭配，海天连接的景象瞬间会展现在你的眼前，家具、门窗、椅面等都可以采用蓝白相间的风格，当然绿化是不可少的，可以选用一些绿色的植物来做修饰。地中海风格的另一个情趣在于选用色彩明度低、线条简单且修边圆润的木质家具，在窗形的设计上可以采用圆形拱门，这样圆形拱门和回廊连接的方式会增加一种延伸般的透视感，给人更好的视觉感受。

地中海风格是一种将天空与海洋完美结合的环境艺术设计方式，明亮的色彩、不修边幅的线条、自然界的装饰元素和做旧风格的小饰物等，将人们的生活融入自然、回归自然。

特点：色彩干净，常见蓝色与白色；拱形的浪漫空间；注重几何线条的应用。

设计技巧：青、蓝色调的应用使空间更加清凉。蓝色是地中海风格中最为常见的色彩之一，能够让人们瞬间联想到天空与海洋，纯净的色彩使空间明亮悦目，清新自然。

色彩调性：活跃、通透、简约、凉爽、热情、开朗、积极、鲜明、个性。

常用色彩搭配：

（1）橙色搭配青色，在颜色的鲜明对比中给人积极、醒目的视觉印象。

（2）黄绿色是一种极具色彩活跃度的颜色，搭配无彩色的灰色具有中和效果。

（3）明度适中的红色具有柔和的特征，搭配纯度偏高的蓝色极具视觉冲击力。

（4）绿色多给人自然、充满生机的视觉感受，搭配纯度适中的橙色，具有一定的通透感。

（一）热情风格的环境艺术设计

地中海风格的热情主要体现在色彩的搭配上，在设计的过程当中，通过高饱和度的配色方案来增强空间的视觉冲击力，营造出热情、亲切的空间氛围（图2-4-9）。

图 2-4-9 热情

设计理念：这是一款典型的地中海风格的环境艺术设计。通过不加过多修饰与约束的元素打造热情、自然的空间氛围。

色彩点评：

（1）洋红色的花朵通过其较高的饱和度成为空间中最为抢眼的元素，搭配少许的深蓝色与黄色作为点缀，打造出浪漫、热情的空间氛围。

（2）利用大面积的花朵对空间进行点缀，使整个空间更加贴近自然。

（3）左右两侧的墙壁和地面不加过多的修饰与束缚，自然随意的砖墙营造出更加舒心、随性的空间氛围。

（4）墙壁上通过互补色创造出的壁画形象简约，与地中海风格形成呼应。

（二）自然风格的环境艺术设计

自然风格的环境艺术设计是指将自然元素和色彩融入设计当中，回归到自然本该有的状态，营造出海洋般的清新与大自然般的纯粹（图 2-4-10）。

图 2-4-10　自然

设计理念：这是一款室外庭院区域的环境艺术设计。通过大量植物元素的融入，打造自然、清新的空间氛围。

色彩点评：

（1）自然色彩引入空间的设计当中，以植物的绿色为主，配以蓝色系作为点缀，使人们瞬间联想到天空和草地的色彩，打造舒适的自然风情。

（2）彩色的盆栽点缀在楼梯的左右两侧，色彩艳丽丰富，从大量绿植之中脱颖而出，对区域起到了突出作用。

（3）楼梯上面带有蓝色纹理的瓷砖与地中海风格相互呼应，并加深了对空间氛围的渲染。

六、新古典风格环境艺术设计

新古典风格的环境艺术设计是将经典的复古浪漫情怀与现代化的设计手法相结合，秉承着以简饰繁的设计理念，将古朴与时尚融为一体，高雅而和谐。

特点：利用曲线与曲面追求动态效果的变化；以简饰繁；注重装饰效果。

设计技巧：低调的配色使空间更具个性化。色彩是环境艺术设计的灵魂所在，新古典风格的环境艺术设计采用低调淡然的配色会给人一种耳目一新的视觉效果，摒弃常规的设计理念，使整个空间更具个性化。

色彩调性：雅致、古典、自然、素雅、高贵、奢华、稳重、成熟。

常用色彩搭配：

（1）纯度偏低的绿色具有高雅的色彩特征，搭配灰色极具视觉格调。

（2）青灰色搭配棕色，在颜色的冷暖对比中营造了通透、自然的氛围。

（3）明度偏低的红色虽然少了些艳丽，但与黑色相搭配独具稳重之感。

（4）橙色搭配深蓝色，在鲜明的对比中让空间具有富丽堂皇之感，同时又不乏精致。

（一）高贵风格的环境艺术设计

高贵风格的环境艺术设计主要通过色彩的搭配和材质的选择为空间营造出浓郁、典雅、奢华的空间氛围（图 2-4-11）。

图 2-4-11　高贵

设计理念：这是一款房屋起居室内的环境艺术设计，通过高贵的配色和质感十足的材质打造尊贵、奢华的空间氛围。

色彩点评：

（1）以白色和灰色为底色，搭配带有金属光泽的色彩饰面和深实木色家具，使整个空间透露出一种温暖而不失典雅的气氛。

（2）带有金属光泽的相框上富有雕刻精致的纹理，与家具的风格形成呼应，打造和谐而又统一的空间氛围。

（3）水晶吊灯优雅精致，配以少许的宝蓝色作为点缀，使其与空间中其他元素产生了小小的对比。

（4）色彩的搭配使格调更加高雅，空间采用相对对称的设计手法，使饱满的空间"乱中有序"。

（二）雅致风格的环境艺术设计

雅致风格的环境艺术设计是一种带有强烈文化品位的装饰风格，在设计的过程中追求品位和谐的色彩搭配，讲求模式化，注重文脉，追求人情味（图2-4-12）。

图 2-4-12　雅致

设计理念：这是一款房屋内卧室区域的环境艺术设计。通过温暖、儒雅的配色和奢华、精致的装饰元素，打造令人身心向往的居住环境。

色彩点评：

（1）以粉色为主色调，为空间奠定了甜美温和的感情基调，深浅相交的背景颜色使空间的整体氛围不再单一。深实木色的床头柜与窗体对空间的氛围进行沉淀，使空间层次分明。

（2）选择金属装饰元素点缀空间，对氛围进行升华，使空间的氛围更加高雅奢华。

（3）地面采用色彩淡然柔和的纺织"人"字形纹理地毯，使空间更加舒适、温馨。

（4）矩形色块的背景墙纹理增强了空间的纵深感。

七、东南亚风格环境艺术设计

粗犷而豪放的线条来源于大自然的真实与质感，这种自然的风格质朴但不失高雅，地处热带的东南亚艺术风格别具一格，在家具方面大多就地取材，如印度尼西亚的藤，马来西亚河道里的风信子、海藻等水草以及泰国的木皮等纯天然的材质，散发着浓烈的自然气息。窗帘桌布的色彩明亮鲜艳，与深色系的东南亚家具搭配，简直称得上完美，活跃气氛，沉稳中透着一点贵气。在色彩上，回归自然也是东南亚家居的特色，因此在装饰色彩上往往选用夸张艳丽的色彩以冲破视觉的沉闷，而最抢眼的装饰要属绚丽的泰丝。艳丽的泰丝抱枕是沙发或床最好的装饰，明黄、果绿、粉红、粉紫等香艳的色彩化作精巧的靠垫或抱枕，与原色系的家具相衬，香艳的愈发香艳，沧桑的愈加沧桑。天然的感觉在东南亚艺术设计的风格中体现得淋漓尽致，当然少不了生态饰品和禅机的蕴藏，竹节祖露的竹筐相架、名片夹，椰子壳、果核、香蕉皮、蒜皮等为材质的小饰品，每一个精致又天然的小饰品都会俘获众人的芳心。东南亚的人民颇具创意，令人感到别有一番滋味的是天然或染色藤器配以玻璃、不锈钢或布艺的大胆设计，摆放在日光浴室、早餐房、饭厅及优雅办公室中，这样集现代化与民族风情于一体，一定会令人感到更加舒适。

东南亚风格是一种将民族特色与文化品位相结合的环境艺术设计，静谧雅致、沉稳脱俗，通常情况下会广泛地应用木材与一些其他的天然材料，如藤条、竹子、石材、青铜和黄铜，深木色的家具，局部采用金色的壁纸、丝绸质感的布料，灯光的变化体现了稳重及豪华感。

特点：色彩浓郁；质感厚重；植物的点缀。

设计技巧：大量木质元素的应用。木质元素是一种经久耐用且环保的装饰装修材料，根据其实用性，使其能够灵活运用于提升美感和氛围方面的营造。

色彩调性：自然、热情、朴实、通透、素雅、古朴、闲适、舒畅。

常用色彩搭配：

（1）蓝色搭配橙色，在鲜明的颜色对比中给人热情、活跃的视觉感受。

（2）灰色具有压抑稳重的色彩特征，搭配浅绿色可以起到很好的中和作用。

（3）绿色是一种健康自然的色彩，不同明、纯度的绿色相搭配，可以给人统一的印象。

（4）棕色由于明度偏低，多给人古朴的感受，搭配青色则增添了些许的通透感。

（一）民族风格的环境艺术设计

由于东南亚风格是一种具有民族特点的环境艺术设计，因此在设计的过程当中，常常会应用具有民族特色的装饰元素对空间进行点缀，打造优雅、沉稳与民族特色并存的环境氛围。

图 2-4-13　民族

设计理念：这是一款度假酒店客房区域的环境艺术设计。传统工艺结合现代的表现化手法，展现出生态度假酒店空间（图 2-4-13）。

色彩点评：

（1）空间整体色彩沉稳厚重，深实木色的地面与黑色的框架打造稳固、朴素和充满安全感的室内空间，将地毯设置为深浅不一的蓝灰色，低饱和度的色彩为浓厚的空间增添了一抹柔和与淡然。

（2）抱枕上的花纹与地毯纹理相互呼应，搭配以矩形色块为主要设计元素的椅子，打造出充满民族风情的空间氛围。

（3）床幔和天花板上的框架与空间四周的直线线条形成呼应，使整个空间更加和谐统一。

（4）床幔与窗帘均采用白色半透明布帘，清透纯净，对深重的氛围进行中和。

（二）浓郁风格的环境艺术设计

东南亚风格是一种以天然材料为主要设计元素的环境艺术设计，因此在设计的过程中，多采用藤条、竹子、石材、青铜、黄铜等材质，以及深木色的家具等。同种元素的重复使用或是多种元素的叠加使用，会在无形之中将其风格强化，打造风格浓郁的东南亚风格环境艺术设计。

图 2-4-14　浓郁

设计理念：这是一款卧室的环境艺术设计，通过大量的实木材质与植物的陈设，营造出浓厚的东南亚风格（图 2-4-14）。

色彩点评：

（1）大量的实木元素通过深浅不一的色泽来区分天花板与地面，使空间的层次感更加强烈。中心区域四周的墙面设置为白色，使整体色彩提亮，并配以少量的绿植对空间进行点缀，打造浓郁又不失自然的空间氛围。

（2）床尾处的地毯纹理丰富，与纯白色的床单和纹路风格统一的实木材质形成对比，增强了空间的设计感。

（3）拱形的门口、窗口与规整的布局和矩形元素形成鲜明对比，活跃了空间的氛围。

（4）小巧精致的射灯内嵌在天花板之上，简约的点缀方式既能照亮空间，又不至于太过抢眼。

八、田园风格环境艺术设计

田园风格的环境艺术设计是将自然元素融入当中，使空间整体呈现清新、自然的田园气息，朴实、亲切、悠闲、舒畅且贴近自然。

特点：自然舒适、温婉内敛；不精雕细刻；回归自然、结合自然。

设计技巧：花纹图案的应用。碎花纹理是田园风格中较为典型且常见的装饰元素之一，其色调柔和温暖，氛围朴素平静，款式花样繁多，可以打造温馨、甜蜜的空间氛围。

色彩调性：简约、醒目、柔和、雅致、古朴、极简、时尚、素净。

常用色彩搭配：

（1）无彩色的灰色具有些许的素雅与压抑，搭配明度适中的红色，具有中和效果。

（2）明度偏低的橙色搭配蓝色，在鲜明的颜色对比中给人一定的视觉冲击力。

（3）淡黄色具有柔和、恬淡的色彩特征，搭配橄榄绿可以为空间增添些许的复古感。

（4）淡紫色搭配青色，是一种高雅、简约的色彩组合方式，在对比中十分引人注目。

（一）清新风格的环境艺术设计

清新风格的环境艺术设计主要是通过自然界的色彩与装饰元素对空间进行装饰，光线通透，色彩清新，打造清爽、纯净的空间氛围。

图 2-4-15 清新

设计理念：这是一款房屋内起居室的环境艺术设计。将大量自然界元素融入整个空间，并与清新、自然的色彩相互融合，打造和谐、自然、清新的空间氛围（图 2-4-15）。

色彩点评：

（1）空间以绿色为主色调，与来自大自然的色彩与淡雅、清爽的淡蓝色背景墙相搭配，并配以少许温馨的紫色作为点缀，使空间的整体氛围清爽且不失温馨。

（2）庞大的盆栽成为空间中最为抢眼的装饰元素，配以其他较小的植物与其相互呼应，营造出和谐统一的空间氛围。

（3）空间左右两侧垂感十足的窗帘带有碎花图案，在增强空间层次感与重量感的同时，也与抱枕和坐垫的花纹形成呼应。

（二）舒适风格的环境艺术设计

田园风格的舒适感主要体现在周围环境的安逸感和氛围的稳重感等方面。因此在设计的过程当中常常会应用到纺织元素，通过其独特的视觉效果增强氛围的舒适感。

图 2-4-16　舒适

设计理念：这是一款客厅休息区域的环境艺术设计，通过沉稳的色彩与实木和纺织元素的组合营造出舒适平稳的空间氛围（图 2-4-16）。

色彩点评：

（1）空间色彩稳重平和，大量实木材质奠定了空间沉稳厚重的感情基调，配以低饱和度的绿色、红色、橙色和黄色对空间进行点缀，打造稳重不失优雅的空间氛围。

（2）红色纹理的地毯将实木材质的地面覆盖，纺织元素与低饱和度的深红色相搭配，使空间整体氛围更加温馨和谐。

（3）右侧的抱枕和窗帘均采用碎花纹理，并在茶几上配以优雅的植物作为点缀，营造出和谐温馨的田园风格。

（4）书柜内陈列的图书规则整齐，同时也为空间增添了些许书香气息。

九、混搭风格环境艺术设计

混搭风格环境艺术设计是一种摒弃规则与约束的自由设计的装饰装修方式，但是混搭不等同于乱搭，在设计的过程中，要选择一个设计重心进行着重的设计，使空间主次分明。

特点：自由随意、极富个性；主次分明；具有较强的自主性。

设计技巧：巧用涂鸦艺术能够使空间的整体氛围更富有情感与节奏感，并在一定程度上减少材料的浪费，迎合了轻装修、重装饰的设计理念。

色彩调性：热情、素雅、冷静、古典、差异、个性、时尚、冲击。

常用色彩搭配：

（1）绿色是极具有生机与活力的色彩，在同类色的搭配中给人统一、和谐的印象。

（2）明度和纯度适中的黄色搭配棕色，颜色一深一浅具有视觉层次感。

（3）明度偏高的蓝色搭配红色，在鲜明的颜色对比中极具视觉冲击力。

（4）无彩色的灰色具有雅致、平淡的色彩特征，搭配青色增添了些许的文艺气息。

（一）融合风格的环境艺术设计

融合风格，顾名思义，是将两种或两种以上的风格结合在一起，创造出独特的混搭效果，在设计中需要注意风格的主次区分，避免太过丰富的种类与风格带来的杂乱感。

图 2-4-17　融合

设计理念：这是一款照明设备和家居用品陈列区域的环境艺术设计。多种风格样式的产品陈列在共同的空间当中，打造出饱满、充沛的展示空间（图 2-4-17）。

色彩点评：

（1）空间色彩对比强烈，高饱和度的绿色沙发和紫色抱枕为色彩厚重沉稳的空间增添了强烈的视觉冲击力。

（2）采用带有黑色波点的背景板对空间区域进行划分，黑色波点元素通过中心小、四周大的规律形成了均匀向外扩散的视觉效果。

（3）最左侧的置物架摆脱了常规的规整陈列方式，相互错落地叠加在一起，独特的设计方式引人注目，增强了空间的活跃性。

（4）"人"字纹编织地毯踏实稳重，对空间的色彩进行沉淀，同时也为空间带来了一丝温馨与舒适。

（二）新锐风格的环境艺术设计

新锐风格的环境艺术设计是一种打破传统与常规的设计手法，打造出时尚前卫、独特精致的空间氛围。

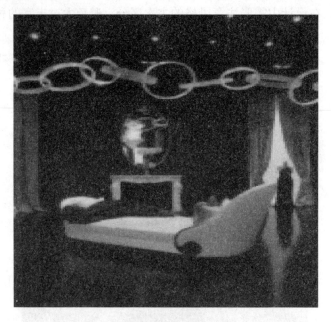

图 2-4-18 新锐

设计理念：这是一款家具展示区域的环境艺术设计。通过精致的展示元素与纯粹的背景色彩打造精巧、前卫的空间氛围（图 2-4-18）。

色彩点评：

（1）以纯粹深邃的黑色为底色，配以泛黄色的灯光对空间进行点缀，打造优雅大气、精巧新锐的空间氛围。

（2）休闲躺椅放置在空间的中心位置，并将灯光集中于此，具有重点展示与突出的作用。精致的躺椅可以对空间优雅的氛围进行升华。

（3）空间的上方设有圆环样式的水晶灯，高雅华丽的灯光元素能够起到装饰空间的作用，大大小小的圆环相互之间嵌套在一起，使空间具有强烈的关联性。

（4）天花板上设有小巧简约的辅助灯光对空间进行点缀，形成"繁星点点"的视觉效果。

第五节　现代环境艺术设计的特征

环境设计的特点是把审美作为环境的主要功能，调动包括自然景观和人文因素在内的一切手段，进行全方位、多层次的整体设计。对于建筑室内外的空间环境，环境设计是通过艺术设计的方式，进行设计和整合的一门实用艺术。

一、多功能的综合特征

对于环境设计功能的理解，人们通常仅停留在使用的层面上，但除了实用因素外，环境设计还有信息传递、审美欣赏、历史文化等性质。环境设计是对多功能需求的一种解决方式。

二、多要素的制约和多元素的构成特征

构成室外环境和室内环境的要素有很多，室外环境最主要的要素为建筑物，此外还有铺装、道路、草坪、花坛、水体、室外设施、公共艺术品等。室内环境则包括声、光、电、水、暖通，空间界面设计、装饰装修材料、家具软装等。环境设计涉及范围广，制约要素多。

三、多学科的相互交叉特征

"环境设计"长期以来就属于一个复合型的概念，较难辨析。环境艺术是一种综合、全方位、多元的群体存在，比城市规划更广泛、具体，比建筑更深刻，比纯艺术更贴近生活，构成因素是多方面的也是十分复杂的。由此，作为一位合

格的环境设计师，掌握的知识应包括地理学、生物学、建筑学、城市规划学、城市设计学、园林学、环境生态学、人机工程学、环境心理学、美学、社会学、史学、考古学、宗教学、环境行为学、管理学等学科。

四、公共共同参与的特征

环境设计师设计的仅仅是一个方案，但实施建造出来，便是一个场所。如果场所长期不用就成为被废弃的废城，因此，只有公众的参与才能让环境设计变得更加完整。

第三章 室内环境艺术设计思维与方法

本章为室内环境艺术设计思维与方法，共五节。第一节为室内环境设计思维创新，第二节为室内环境设计手绘表现，第三节为室内环境陈设设计，第四节为室内环境空间设计，第五节为室内环境照明设计。

第一节 室内环境设计思维创新

一、室内环境设计思维教育

我国室内环境艺术设计是一门比较"年轻"的专业，需要业内人士继续对专业进行完善，提升整个行业的专业水平，同时开发先进的教学方法，提高行业教学水平。

室内环境设计的重点是设计，不是简单地拼凑，是一门学问。设计不是简单地造型，既要具有实用性又要体现设计的思想，"实用"是室内环境艺术设计的第一要务，在"实用"的基础上，设计要给人们带来美的享受。总的来说，室内环境艺术设计要在"实用"和"美观"上下功夫，使人们的身体、身心在室内环境中都能够得到放松。这其中，"实用"是以材料利用的合理性为前提，"美观"是以"实用"为前提。

从字面意义上讲，室内环境设计思维教育指的是对学生进行室内环境设计思维方面的启发、训练。其中，思维包括形象思维和逻辑思维，同时教育过程要展现人文性。形象思维和逻辑思维是相辅相成的，需要设计者综合运用，因为室内环境设计是一门复杂的学科，设计者既要有美学方面的知识，又要了解材料、力学、心理学等方面的知识，这样设计出的作品才不会生硬、死板。学生可以通过绘画锻炼自己的形象思维，提高自己的审美能力，培养正确的审美观念。逻辑思维的培养则需要学生有一双善于发现的眼睛和一个勤于思考的大脑。在室内环境艺术逻辑思维教育中，学校可以为学生增加一些心理学方面的课程，同时要善于利用优秀的设计作品启发学生，让学生独立思考，充分分析不同作品之间的差异性，体会不同作品中的思想内涵，以此拓展学生的视野。室内环境艺术思维教育是一个循序渐进的过程，需要慢慢地对学生进行思维熏陶，让学生潜移默化地掌握思维方法，建立起自己的思维方式，形成自己的设计风格。同时，在室内环境设计思维培养中，学校应当为学生渗透城市规划、建筑设计、人文科学等方面的知识，使学生能够全面立体地分析作品、创造作品。

室内环境艺术设计作品可以表达设计者的情感，展现地域文化特征，同时可以体现设计哲学，这些都需要学生有丰富的心理学知识，并有一定的人文知识素养。因此，学校还应当对学生进行设计哲学、历史文化方面的教育，注重培养学生自主学习的能力，提高学生的设计高度，使学生可以将艺术与其他学科深度融合，发散思维，同时能够使学生在室内环境艺术设计上始终与时俱进。

艺术作为重要的人文学科，需要学生有一颗灵活的大脑和一双善于发现美的眼睛。随着时代的发展，人们越来越重视孩子的全方面教育，也更加注重孩子艺术能力的培养，这说明人们思想观念越来越开放，已经摒弃了传统观念中艺术生成绩不好的错误观念，对艺术教育有了新的认识。室内环境艺术设计思维的教育过程注重开发学生的想象力，在教育的最初阶段，以能够启发学生形象思维和逻辑思维的理论教育为主，促进学生将二者融合。经过一段时间的思维学习和训练，学生可以尝试进行概念设计，然后通过模拟项目锻炼自己的设计能力，并分析设计的合理性，最终称为一合格室内环境设计师。在室内环境艺术设计中，教师应当具有前沿的学术知识和丰富的设计经验，以更好地辅导学生成长，学校也应当为学生提供良好的教学条件。

第一，尽量为学生提供逼真的空间模型，使学生对设计对象有直观的认识，建立学生的空间意识，强化学生对空间功能的理解。一方面，空间模型有助于学生将思维化平面为立体，丰富学生的想象力，另一方面，学生通过空间模型能够了解建筑设计和室内环境艺术设计的关系，对建筑材料和建筑内部空间有一定的认识，有助于学生更好地对室内陈设进行设计。室内环境艺术设计思维教育除了利用空间模型之外，还应当扩展实地考察地点。学校应当加强与室内环境设计企业和建筑施工企业的合作，积极组织学生进行实地考察学习，把握室内设计的发展方向，同时学校还应组织学生参观经典的室内环境设计作品，增强学生对室内环境艺术设计的理解。

第二，为学生提供完备的实训场地以了解装饰材料的施工工艺。室内环境艺术设计作品想要呈现出与原本设计相同的设计效果，需要严格控制施工工艺。室内环境艺术设计施工是将想法转化为实物的过程，这其中难免会出现偏差，因此室内环境艺术设计思维教育应当让学生对施工工艺有具体了解，以便在施工遇到问题时能够及时与施工人员进行沟通，使施工过程顺利进行。另外，学校还可以邀请具有丰富经验的施工企业人员到学校讲座、演示，提醒学生施工过程中应当注意的细节，同时组织学生到施工现场观摩学习，加深对知识的理解。当前，我国的环境艺术设计思维教育中并没有对照明设计引起足够的重视，这是室内环境艺术思维教育的一个短板。灯光对室内环境具有重要的影响，可以营造不同的氛围，因此室内环境设计应当将灯光设计放到一个非常重要的位置。学校应当为学生提供先进的照明设计实训场地，有助于开阔学生的设计视野，提升学生的设计格局。另外，学校还应当积极创建室内陈设设计实训基地，以拓展学生的设计思维，丰富学生的设计想象力。室内环境艺术设计还需要计算机设计软件的支持，学校为学生提供良好的计算机软件教育环境，提高学生的软件操作能力，使学生能够通过计算机软件展现自己的设计才能。

我国环境艺术设计专业自创立以来就非常重视培养学生的独立思考能力，在传授学生专业知识的同时，提升学生的人文素养，培养学生的艺术气息。随着我国经济的快速发展，人们对室内空间的要求越来越高，对室内环境设计从业人员的要求也越来越高，这就需要室内设计人员要随时关注社会发展的动态，把握室内环境设计的流行趋势，始终保持与时俱进。一些大型室内环境设计项目需要不同背景、不同专业的设计人员共同参与完成，这就需要室内环境艺术设计者要具有合作意识，能够与其他设计人员进行配合，共同提高室内环境艺术设计的水平。室内环境艺术设计可以充分展现设计者的创作才华，需要设计者了解多个方面的知识，具有超前的艺术思维。设计者想要使思想始终与时代保持同步就要善于总结和发现问题，并独立解决问题。在室内环境艺术设计思维教育中，教育者还要注重培养学生的敬业精神，为学生进入工作岗位打下良好的思想基础。另外，教师还应当培养学生沟通技巧，因为室内环境艺术设计需要设计者不断与施工方、环境使用者进行沟通，而良好的沟通技巧有助于展现设计者的人格魅力，构建和谐的沟通氛围，有助于设计和施工的顺利进行，营造良好的工作环境。环境艺术设计想达到预期的设计效果需要设计者和施工者的相互配合，忽视任何一方都不可能完美地表达出作品的思想，因此良好的沟通环境是作品能够完美呈现的基础。

室内环境艺术设计不但要求设计者具有创新思维，而且要求设计能够与现实环境相结合，因此室内环境艺术设计思维的教育还要培养学生的调查意识，只有经过充分实地调查才能设计出与环境相适应的作品。

二、室内环境设计新思维

（一）设计是解决问题

如果坐在街边咖啡馆用长焦镜头观察街上来往的人群，会看到非常有趣的景象，每天有千千万万的人从这个街道走过，他们的面孔或多或少地展现他们各自的内心和生活情况。设计是解决问题的，生活中需要通过设计行为解决的问题比比皆是，如我们经常会发现一些白色的墙面被蹭脏，空间设计师不能将责任全部推到行人的素质问题上，而是要肩负起通过设计能够改变这一状况的责任。设计师可以为人流量大且逗留时间长的墙壁设计比较高的护墙板或油漆墙围，便于清理，也可以将墙面换成大理石等硬面材质，同样易于保洁。更简单的方法是摆一组大型绿色植被，行人就会自然而然与墙壁保持一定距离。如果在老北京的胡同里散步，会发现在街道转角处总会放置一个石条或废弃的石磨盘，这就是为防止来往车辆撞坏墙角而想到的小方法。家居内部空间容易碰损的墙壁拐角处也会安装类似这个原理的防撞木条，这就是设计师在用设计解决问题。

解决问题首先要发现问题。这需要人们善于发现生活中习以为常的物品存在不方便或不合理的地方，将其提炼成一个个问题，如日常使用的图钉在按的时候对手的压强太大，为了解决这个问题，有人想到可以将受力面设计成反向的形状，这样一来压强就会减小。在清洗那种瘦长结构的杯子时，手拿的清洁海绵无法刷到杯底也是常见的问题。著名的荷兰文创品牌 Droog 曾经推出一种简便的刷子就可以轻松解决这个问题，刷子是一根金属线材做成的夹子，通过一个可以上下滑动的小金属环可以轻松拆装夹子顶部的海绵球，这是一个非常实用的设计细节，海绵球的色彩有红黄蓝等选择。

某学院前面有一块长方形的绿地将教学楼与停车场隔成两个区域，在这个漂亮的建筑群竣工使用之后，这块绿地曾面临过一个尴尬的问题，那就是人们从停车场到教学楼不愿意走设计原本规划的位于绿地西侧的便道，而是将绿地踩踏出三条指向教学楼门的小路。最初的解决方案是在踩坏的绿地上立上警示规劝牌，但作用显然并不明显，一段时间之后，不得已在事实上承认了这三条小路的存在，并铺上一些大小不一的碎石以求在绿地中形成和谐的视觉关系，然而这些大小不一的景观石虽然看上去美观走在上面却很不舒服，于是人们躲开碎石小路在原来的三条小路两边走成了六条，最后还是把这些石头全拆除换成了平坦的方形地砖错位排列。其实问题还没有最终解决，因为地砖铺成的小路只有一个人的宽度，两人并排走时其中一人还是只能走在绿地……通过这个案例会发现，这个设计问题形成的最关键原因是在必然产生的来往人流之间设置了障碍，所以未来这几条小路可能会继续拓展设计成真正的宽阔通道。有一个利用这种尴尬成功解决问题的设计，世界建筑大师格罗培斯设计迪士尼乐园的路径时，无法找到最合适的布局设计方法，最后决定铺上草坪提前开放，半年里草地被游人踩出许多宽窄不同的路径，自然合理，格罗培斯指挥工人据此迹铺设道路，作品获得极大成功，1971 年在伦敦国际园林建筑艺术研讨会上被评为世界最佳设计。

（二）设计就像诊断

解决问题需要具备分析问题、解决问题的能力与方法，经验的积累可以使这种能力与方法步骤化为标准模式，这一点与医生诊断的步骤有着很多相似之处，尝试将医生的诊断流程翻译成设计工作流程，看看是否可以将设计解决问题步骤化：（1）首先要看到并列出病人的症状，这是问题表面的现象，比如头晕、眼花等。（2）根据症状判断可能存在的病因，如头晕的现象是因为发烧感冒、前庭耳石脱落还是视觉下降导致视线模糊所致。（3）针对以上判断做各种相应的检查排查，如查体温、血压、眼底等，这是一个必备的科学过程，建立在已有标准参数的基础上。（4）经过排查确诊，如视力下降所致。（5）设定治疗方案，明确治疗目标，通过治疗使其恢复视力或避免进一步加深，如配眼镜、使用医用眼药水或实施手术。（6）与病人沟通确定一种治疗方案，使病人接受治疗，避免恐惧心理。（7）安排具体治疗与开药。（8）复查直至痊愈。

翻译成设计工作的步骤也可以列出 8 项：（1）首先列举设计主题存在的不满意现象，如品牌年轻群体关注度低或识别力差等。（2）通过这些现象找到需要解决的问题是什么。（3）针对问题进行相关信息的调研与数据收集，得出相对科学客观的结论。（4）确定设计命题。（5）制定设计目标与具体的设计方案。（6）提案，与客户沟通修改落实设计方案。（7）设计完稿，实施落地。（8）调整更新指导等后续服务。

不难看出，在这个理想的过程中，发现列举问题与课题明确排在首要地位，找出问题与课题是要点。那么如何找到症结所在呢？那个实现成功目标的障碍就是问题，要看到问题背后的根本原因，解决问题属于方法层面，而发现问题与明确方向则属于战略层面，如果战略出了偏差或误判，无论多么优秀的设计技法手段都止步于表面文章。在判断症结所在的时候我们经常会犯一个错误，就是爱从自己身边熟悉的环境中寻找依据，如会根据自己的孩子不喜欢益智类玩具就草率地得出现在的孩子们都不爱玩益智玩具的结论，其实这是没有说服力的例证，信息的调查与现象的罗列应该尽可能充分真实客观，应尽可能避开空泛、模糊、过大的概念，而尽量明确具体。

（三）设计需要发现的眼睛

设计师可以利用闲暇时间进行采风，以逐步建立属于自己的素材库。日常生活中有很多的设计素材等待设计师去发现、挖掘，这就要求设计师应当具有一双善于发现的眼睛。设计师应当始终保持愉悦的心情和积极健康的心态，能够时刻体会到生活的美好，这样更有利于在平时的工作、学习和生活中发现可以利用的素材，迅速捕捉设计中的灵感。素材库的建设需要设计师点点滴滴的积累，人们日常生活的任何物品都可能成为设计的素材，如一个水杯、一支钢笔或者一个笔记本，这些素材可能平时用不到，但是当它发挥作用的时候可能会带来意想不到的效果。

在日常生活中，设计师与其花费大量的时间在寻找理想素材上不如努力提升自己的思想境界，以积极饱满的态度热爱生活、享受生活，这样不仅有助于心情的放松，还有助于在生活中发现素材。其实，素材就存在于生活的日常，设计师要善于拿起手机或者相机随时随地进行拍摄，这种拍摄并不是摄影，纯粹是为了丰富自己的创作资源。在随拍中，设计师随时可能会遇到一些突发情况，而这些突发情况可能就是创作的源泉。良好的素材收集习惯能够使设计师更加热爱生活，内心世界更加丰富，这样既能丰富设计师的生活经历又能提高自身的设计水平。21世纪是人类社会发展速度前所未有的世纪，更加开放的社会环境为设计师提供了广阔的思维空间和展现舞台，因此设计师应当积极拓展自己的思维，以积极的姿态面对这个丰富多彩的世界。

设计者在搜集素材之前也可以为自己设置一个活动主题，这个主题就搜集素材的方向，如以"笔"为主题，那么设计师就可以在任何地方见到笔的影子，它们躺在某个安静的角落等待被发现、创造。这支笔可能躺在人行道的砖缝中，也可能被埋在某个历史遗迹，还有可能被丢弃在某个垃圾场，无论它们在什么样的环境中，设计师只有始终保持对笔的那份热爱才能在生活的各个角落发现它们，那时才会发现，原来笔无处不在。这支笔可能是某位学子学业不如意时狠狠丢弃的笔，也有可能是被摆放在商店中等待出售的笔，也有可能是伴随设计师多年的笔，有可能是记录日记的那支笔，还有可能是爱人赠送的笔，它们平时隐藏在设计师的周围，伴随着学习、工作和生活，只是平时没有注意和发现它们，当开始注意它们的时候，会发现这也是一笔可贵的创作财富。

这些素材一旦积累到一定数量就会变得很有意思，除了设定主题的拍摄，还可以随时随地地采风搜集都市的肌理，欧洲古老街道的石块、揉皱的纸张、凌晨电视节目结束时的定格画面。很多生活中被忽视或看似与设计无关的，甚至庸俗的物品也可以成为肌理采集的对象，它们可能为一个重要的素材带来全新的创作灵感，如联欢会上的电光纸拉花，楼道里的喷绘涂鸦，班级里被丢弃的塑料瓶与铁丝做的小机器人，等等。

（四）设计是心理场

"心理场"研究的集大成者德国人勒温选择了拓扑学来描述与解释心理场，将心理场定义为"心理生活空间"，即"综合可能事件的全体"。1942年，他提出的"场论"特别强调了以下几点：

（1）场论是一种建造的或发生的方法。

（2）场论是一种动力的研究。

（3）场论强调对心理过程的研究。

（4）场论是将环境作为一个整体的分析。

其实人们在生活中经常体会到"场"的存在，如当一个人进入一个空无一人的只有一张大桌子的阅览室，一般会选择一个离门比较远，靠近里面的位置，因为这个位置比较安心，可以控制全局。当第二个人进来的时候，通常会和第一个人保持一定的距离（他们并不认识），可能会坐在对面。第三个进来的人会与这两个人保持大约相同的距离，此时三个人有一点像三角形关系。在乘坐电梯时也会遇到相似问题，进入电梯的人通常都会按次序溜边占领各个角落，当所有角落都被站满，站在中间的人就感觉很难受，他会感觉到周围眼光的盯刺。这些行为就和场有关，因为每个人都有一个心理的势力范围，也就是心理场。

将"场"的理论用于宏观的设计思维之中，这是设计元素间以及设计与环境的相互作用影响的问题。在图形与字体的设计中主要把握的就是这种相互间的关系，宏观的设计思维从来都不会被单一、表面的现象所迷惑的。设计的每一枚标志，每一幅海报，都不会独立存在于某一环境中，在设计展览会上，海报可能被装裱在画框中，悬挂于展馆的显著位置，周围留有足够大的空间，不允许别人贴近作品，而现实生活中则完全不是这样，没有那么完整、充裕的空间张贴，在众多广告信息当中如何提高识别率并加深消费者的记忆是设计师应该预先考虑到的问题。报纸广告也同此理，周围拥挤的信息会更多，旁边的低劣设计甚至可以干扰识别，一些著名品牌的整版或半版报纸广告设计成很空旷的版式，在画面的中心有很小的文案与图形，这些空白起到距离间隔的作用。场在 CIS 系统设计中也是很重要的问题，因为标志处于核心地位，它的视觉力量与领地感强于其他视觉信息，所以它的摆放与编排就显得特别重要。CIS 系统设计应该是一个特别完整的思维体系，要考虑每一个不同视觉分量的元素如何相互作用、相互配比地共同构筑整个视觉识别体系。站在宏观心理场的高度看待设计元素间与环境间的相互作用问题，把每一个元素看作是一个生命，通过这样的设计思维应该能诞生具有活力的优秀设计。

三、现代室内环境设计过程

室内环境艺术设计是一个理性的工作过程，正确的设计方法、合理的工作程序是顺利完成设计任务的保证。设计方法的研究，工作手段的完善是职业设计师的终身课题。接下来，将从室内设计的一般程序以及室内设计中的具体步骤、程序和过程等方面展开分析讨论。

传统的室内环境设计程序主要包括初步设计、扩展设计、施工图设计、施工督导四大步骤。随着室内设计行业的发展，人们对室内设计的要求越来越多，设计师在设计时需要做的功课也越来越多，这种传统的设计程序，已经远不能适应现代室内设计的新发展和服务内容的需要。因此，为了满足社会和服务对象的需要，必须对传统室内环境设计程序进行调整。

经过不断的发展和完善，现代室内环境设计的基本程序已经形成了一个基本模式，它的内容包括前期策划阶段、初步方案设计阶段、扩大初步设计阶段、施工图设计阶段、设计实施阶段、竣工验收阶段和方案评估阶段。

（一）前期策划阶段

方案的设计是灵动的表达内容，要经过大量的调研、积累工作，并且经过草图、方案、推敲、论证类比比较，才能确定可实施的方案。

一般情况下，设计师在接到任务之后，不会立刻上板出图，他们需要先对任务进行分析研究，在脑海中形成一个大概的结构框架，目的是弄清设计内容、条件、标准等重要问题。正常情况下，设计的委托方需要给设计师提供一个设计委托书，但是不可避免会出现一些特殊情况，当设计的委托方没有能力提供设计委托书时，室内设计师还要与委托方一起做可行性研究，根据委托人的设计意向和经济条件或投资的可能性等拟定一份任务书，这个任务书必须是建立在合乎委托人的实际需求上，并且双方都认可的条件下。了解任务目的之后，设计师要思考以下两方面的内容：

第一，研究使用功能，也就是明确此项室内设计将用于什么用途。了解室内设计任务的性质以及满足从事某种活动的空间容量，方便设计师根据其使用功能进行设计。

第二，结合设计命题来研究所必需的设计条件。在弄清楚设计命题以后，为了满足委托人的要求，设计师需要根据命题来决定需要哪些设计条件。

（二）初步方案设计阶段

一般在创意方案的初步设计阶段，设计师就会对材料的选用与场景的构造表现，以及能够表达出的创意效果有一个大概的思路，也就是所谓的创意意象。在汇报介绍方案时，除系列方案图之外，还常附有材料设计一览表和物料样板，重点工程还要制作多媒体或动画演示介绍方案等。这一阶段对整个室内装修设计有着开创性的指导意义，也意味着设计师对室内设计的整体方案有一个全面概括性的认识。因此，初步方案设计阶段包括两方面的内容，即创意意象和初步设计，下面为这两部分内容的具体体现。

1. 方案创意意象

当设计师在进行室内空间环境创意设计时，要充分解读设计环境和设计创意亮点的体现，对设计意图的把握要清晰得当。设计师要制订可行性研究计划，对方案创意的逐步实施进行研究、对比，确定正确的方向。

（1）使用功能。人的使用功能因素要全面考虑到，这里是根据具体的环境、位置与具体的地域特点来做综合的设计。既要体现人的使用习惯，又要考虑美感因素，把设计文化也就是风土人情、地域特色融入使用功能之中。

（2）意象表达。用什么样的表达形式，尤其是主体表现的部分，要根据具体环境、生活水准和技术要求来确定其表现形式。不管用什么样的材料、技术、形式来表现，都要有初始的创意意象，并符合具体环境所要求的整体设计格调。

（3）文化传承。每一个地区都有当地的文化、素材材料与做法习惯，把这些素材融入材料与构造设计当中，就感到很贴切，耐人寻味，达到材料选择、构造技术与人文文化完美结合的目的。

（4）真实体现。室内设计师的创意构思，正是将设计师描绘的蓝图，通过各种技术手段，真实地奉献给人们去使用、体验，为人们创造出一种舒适的生活、工作与学习环境。

2. 初步设计

在初步方案设计阶段，设计师面对的任务主要有以下几个方面：一是针对项目计划与业主交换意见，并且达成一致；二是初步确认任务内容、做好时间安排和经费预算；三是与业主针对施工的可行性方案进行讨论，并达成共识。

（三）扩大初步设计阶段

设计方案基本确定以后，就要进行扩充设计了，它是在装修创意方案设计的基础上，逐步落实材料、技术、经济等物质方面的现实可行性。在这一阶段，需要将设计意图逐步转化为现实，并与建筑、结构、设备等专业协商结构和技术等方面的设计定位，也可提出补充材料与构造节点大样图，与相关专业协调一致，同步进行。如果没有大的问题，即可进行下一步的工作。

扩充设计阶段的工作具有统筹全局的战略意义。这个阶段的设计服务可以分为以下几部分的内容：

第一，以设计任务的相关要求为依据，综合基本使用功能、材料及加工技术等要素，以空间手段、造型手段、材料手段以及色彩表现手段等形成一种较为具体的工作内容。其中有一定的细部表现设计，能明确地表现出技术上的可能性和可行性、经济上的合理性以及形式审美上的完整性。

第二，除了上述空间、材料、造型等内容外，还包括了结构、水、暖、电等内容。在这个阶段，设计师要与各工种工程师进行协调，共同探讨各种手段的可行性和一致性。这一阶段的设计文件包括大样图，水、电、空调等配套设施的设计，材料计划，各种概算或详细说明。可见，扩大初步设计阶段与初步方案设计阶段相比，深度明显增加，内容更加丰富。

第三，在扩大初步设计完成后，同样将文件交与业主进行磋商，取得认同后，签订一个书面的批准合同，如业主有所改动，即视为设计师提供的附加服务，业主应该承担由此而增加的一切费用，如果没有什么问题，双方已经达成一致，就可以接着进行下一步施工设计阶段了。

经过长期发展，扩大初步设计阶段形成了确定基本设计内容、确定各种设计手段、与业主商谈并达成一致这三项内容。

四、室内环境设计的生态理念

（一）生态室内设计原则

1. 居住健康原则

室内活动一般占据着人们大部分的活动时间，因此可以说，室内环境设计是与人们活动最为密切的设计。对于生态室内环境设计来说，要把人们的健康放在设计的第一位。健康具有两层含义，第一层含义指的是人们要有一个强健的体魄，第二层含义指的是人们要有一个健康、积极、向上的心理状态。生态室内环境设计既然是为人们生活服务的，那么它自然要营造一个安全、绿色、舒适、健康的环境，从而使人们在室内既能够享受舒适的生活环境又能培养积极健康的心态。

各种不同的装饰材料是室内环境设计中最主要的污染源，这些污染源对室内空间的污染具有持久性，需要引起人们足够的重视。室内环境设计必须杜绝使用带有污染性的材料，因此，生态室内环境设计要全部使用安全、无污染材料。

当前，在生态室内环境设计中，为了营造健康的生活环境，基本采用的都是绿色、健康的装饰装修材料，对石材、木材等材料的要求比较高，一般都会选用天然的装饰装修材料，这些天然材料更具有环保性质，符合现代人们对生活环境的要求。同时，为了营造健康的环境和安静、绿色的生活氛围，生态室内环境设计一般也会进行室内绿化以提高人们的生活品质。在一些比较大的室内环境中，甚至可以建造一个相对完善的小型生态系统。总之，由于人们越来越重视环境和健康，生态室内环境艺术设计应当以健康为基本设计前提。

2. 环境协调原则

室内环境设计是为了提高人们的生活质量而进行的环境改造和规划，这种设计和规划必然会使用自然资源，也有可能会造成一定程度的生态破坏，而且在具体施工中，由于大多材料需要加工才能使用，导致室内环境设计施工必然会产生建筑垃圾，如果不能有效地处理这方面的垃圾很有可能就造成生态失衡，不但对人们的生活环境造成影响，而且会影响整个人类社会的发展。

建筑业是一个非常庞大的产业，当前也是我国重要的经济支撑，但是，其造成的污染也非常严重，而室内环境施工中造成的污染在建筑污染中占有很大的比例。因此，室内环境设计师应当尽量使用可循环利用的环保材料，如果选用的是不可循环利用的材料，那么尽量精确计算用量，避免浪费和污染。

保护生态、珍爱地球已经是全人类的共识。室内环境艺术设计作为与环境息息相关的一门学科，需要对环境保护引起充分的重视，既要满足人们对健康环境的要求，又要保护生态，使设计与环境相协调。

3. 与自然相融合的审美原则

如何在设计风格中体现人与自然融为一体的设计理念，需要当今的新型科学技术、新型材料、新型能源、新型制造工艺以及自然的设计风格配合完成。

人们对室内设计的追求已经不仅仅停留在居住舒适的程度，还有对个人审美的诉求以及精神追求的表达。由于生态文化的不断渗透，人们正在逐渐恢复对自然的崇敬、对自然的向往、渴望与自然融合的心态观念。

生态室内设计的自然与人融合的审美体现在设计的各个细节上，如采光方面多选择光线充足、光影变换较为丰富的设计效果；色彩运用方面也多采用自然色调；在装饰选择上多采用植物、生态景观、动态流水效果、巨石假山、花鸟鱼等自然材料。

目前生态室内设计在设计材料的使用上，不仅要求其本身低污染、可再利用、可循环，人们还希望材料可以主动地净化室内环境。这就需要设计师综合分析周围的自然环境条件、人类的内在活动影响因素，充分考虑人与自然和谐共处的特点，将材料本身转化成有利于人与自然的因素。

4. 可持续发展的原则

可持续发展要求室内设计不能只顾眼前，要从长远考虑，坚持以人为本，保证设计是在生态环境的可承受范围内进行。室内环境艺术设计主要还是以使用为主，避免资源的浪费，体现设计的合理性。同时，室内环境艺术设计应当与时俱进，采用科学合理的设计方法，尽量减少对不可再生自然环境的依赖，尤其是一些比较稀缺的自然资源，使环境能够可持续发展。

保护资源就是保护人们共同生存的空间，室内环境艺术设计工作者应当树立保护资源的意识，不能一味追求设计而放弃保护资源和环境，设计选材上尽量使用可再生、可循环利用的材料，既保证材料的安全，又不会破坏环境。

（二）生态室内设计的内容

生态室内设计一般包含四个设计内容：室内空间的设计、室内装修设计、室内的物理环境设计和室内的陈设设计。

第一，室内空间的设计。室内空间设计是指调整好空间的比例尺度，同时在设计中包含了一种文化的创造，力求使创造的空间形象能够激发人们某种文化方面的联想，并且把继承与创新结合起来，充分考虑内部环境与外部环境的关系，创造可灵活划分的符合时代特点的空间。

第二，室内装修设计。室内装修设计是指在对空间围护体的界面，包括墙面、地板、天花的处理，以及对分隔空间的实体、半实体的处理中，不宜使用易燃和带有挥发性、对人体有害的材料。

第三，室内的物理环境设计。室内的物理环境设计是指对室内气候、采暖、通风、照明等指标进行评价分析，运用人体工效学、环境心理学等边缘学科综合设计，使室内环境最大限度地满足人的生理、心理需要，维持局部生态平衡。

第四，室内的陈设设计。室内的陈设设计是指在设计家具、装饰物、照明灯具等装饰陈设时，尽可能在设计中做到陈设的拆装灵活、组合方便，在设计中融入弹性设计的观念，使人们可以根据需要灵活选择、组合。

（三）生态室内设计的特点

生态室内设计是一个相对较为复杂的多学科融合的研究领域，不仅具有一般传统室内设计的特点，还有独具的生态性、可持续发展性等特点。

第一，整体性。生态室内设计不仅是一个独立的室内设计，还要兼顾周围的自然生态特点、室内环境与整体建筑环境的和谐性以及室内设计中多种设计元素的共处。因此，生态室内设计是一个整体的设计系统。室内环境设计是整体建筑环境的一部分，要与整体的建筑设计呈现一种局部与整体的感觉，不可以单独地看待室内环境设计，二者的整体统一是设计师不可忽略的一点。室内环境设计同整个自然环境之间也是一个有机的整体，这恰恰是生态室内设计要强调的一点，室内环境设计中各个组成元素也要在尺寸比例、色彩搭配、材料质感、风格一致方面做到整体一致。

第二，生态性。按照生态学的原则，建筑与室内环境共同成为一个有机的生命体，建筑的外壳是生命体的皮肤，建筑的结构是支撑的骨骼，而室内所包容的一切是生命体的内脏，建筑只有在这三者的协同作用下才能保持生机，健康成长。因此，必须坚持室内环境与建筑的一体化设计，同时充分考虑室内环境诸要素之间的协调关系以及室内环境对整个自然环境可能带来的负面影响。

第三，人为性。在生态室内设计中，人为因素非常重要，生态室内设计强调了以人为本的设计原则。因此，对人的关怀、人的基本需求都体现在生态室内设计中，人作为整个室内生态系统的组成部分，也提高了生态室内设计的可控性。

第四，动态性。生态室内设计不是一成不变的，它处于一个相对运动的状态，而且随着时代的发展，人们对室内设计的要求也不断提高。因此，为了满足生态室内设计可持续发展的特性，还要兼顾人文需求的不断变化，其中包括设计元素的动态性和设计需求的动态性。

第五，开放性。生态室内设计的最终目标是设计一个利于人类和自然的居住或工作环境，那么生态室内设计必然凝结人类的智慧，保证生态室内设计的开放性，可以促进生态室内设计的快速发展，更加符合人文需求，贴近自然。

（四）生态室内设计的价值

价值定义了主客体之间的实践关系，它取决于人类意识层面的活动。价值的表达是通过自我意识展现出来的。生态室内设计中的价值体现，就是在室内设计中，保证生态的平衡，确保各个有机体，如居住者、设计中的生态系统等可以在设计环境中共同良好地生存发展。

生态室内设计的价值主要体现在人与自然的关系上，在人类发展的早期阶段，人类的生存繁衍与自然是融为一体的，人类仅仅利用了少量的自然资源，因为当时的能源形式主要为人力劳动输出。随着工业革命及后期的科学革命的产生，机器作为重要的劳动力，人们对自然的占用不仅仅体现在物质资源，还体现在自然中的能量资源。这些阶段都以人类文明作为核心的价值取向，一切以人类需求为出发点，因此违反了自然的发展规律，使自然生态的平衡遭到了破坏。

生态室内设计的价值强调的是人的发展要尊重自然规律，同自然和谐共处，关注环境，与环境相协调。同时，生态室内设计还要与社会经济、自然生态、环境保护结合在一起，共同发展，保证人类的自由、健康、可持续发展。

第二节 室内环境设计手绘表现

一、手绘传达设计信息的意义

手绘是对设计意向的初步表述，它既可以是对设计成果的描绘，也可以作为设计过程推敲和推演的一项专业技能，而通过手绘进行表述的目的是为了将设计内容更好地呈现在设计成果中。

这种通过手绘的设计表述与传达含有两个层面的意义，一方面是帮助设计师进行自我设计观点的转述，另一方面是通过这种方式将设计构思与内容进行对外传达。设计师通过手绘图进行设计观点的表述是一种最直接快速的方法，它可以在最短的时间内对设计师的构想进行初步的研判，以便在合理的时间内获取一个更令人满意的设计答案，而这一答案和研判方式是综合了诸多专业性观点所达成的效果。对外传达在整个设计决策中亦是绝不可少的，它是设计构思向客户传达的一种方式，通过这样的手绘表达来供他人评估以及与他人沟通。

二、手绘表现的造型元素

手绘表现的造型元素包括形、色、质、光等。在手绘表现中，这些元素作为统一整体的组成部分，相互影响、相互制约，彼此存在着紧密的关系，然而尽管如此，每一种造型元素仍有其相对独立的特征和相应的表现手法，熟练地掌握这些特征与表现手法，才能在手绘表达中做到灵活运用、游刃有余，从而创造出优秀的手绘作品。以下对形、色、质、光这四种基本造型元素进行具体分析。

（一）形

形是创造良好的视觉效果和空间形象的重要媒介，分为点、线、面、体四种基本形态。在现实空间中，一切可见的物体都是三维的，手绘是在二维的纸面上进行三维物体的表达。因此，通过把握这四种基本形态的特征和美学规律，能够在手绘设计表达中有序地组织各种造型元素，创造较好的手绘空间形象。

1.点

一个点在空间中标明的位置，在概念上是没有具体尺度的，因此它是静态、无方向的。作为形态的原始出发点，它可以确定一条线的起点与终点，并标明线与线之间的交点、距离等。作为一种可见的形状，最为常见的形式是以圆点出现。

在手绘表现中，点更多的是以成组的形式出现，来表现材质、烘托气氛，有比例关系，有构成感受。

在手绘表现中，较小的物体都可以视为点，如室内空间中一处电视背景墙中的电视即可视为点，又如景观空间中广场上的雕塑也可视为点。尽管点的体量关系较小，但它在空间表达中的作用却非常重要。点在空间环境中起到的重要作用是集中视线或明确位置，形、色、质与背景不同或带有动感的点，都能够引人注目。

2. 线

线具有表达运动、方向和生长的特性。线是手绘中最为基础的组成元素，也是构成画面最为重要的元素之一。流畅肯定的线条会成为画面中的亮点，同样也是每个初学者学习手绘的必经之路，尤其在表达效果图的过程中，线条在构建框架上起到了重要作用。不管处于手绘的任何阶段，线条的练习都是必不可少的。

线稿表现基础是从线条的学习到织物、单体陈设、组合陈设等的训练，是学习手绘不可缺少的重要组成部分，通过这些基础的训练能够让初学者快速掌握手绘表现的基本要点，并快速达到手绘草图的基本入门要求。

线是手绘表现中重要的组成部分。线的练习是手绘表达的基础性学习，准确、工整、快速的线条是每个初学者应该掌握的技能。线条依靠一定的组织排列，通过长短、粗细、疏密、曲直等来表现。一般来说，线描的表现分为尺规和徒手两种画法，借助于绘图钢笔和直尺工具来表现的线条画出来比较规范，可以弥补徒手绘图的不工整，但有时也不免显得有些呆板，缺乏个性。曲线用以表现不同弧度大小的圆弧线、圆形等，在表现时应讲究流畅性和对称性。

3. 面

一条线在自身方向之外平移时，界定出一个面，在概念上面是二维的，有长度与宽度。面最基本属性是它的形态，形态由面的边缘轮廓线描绘出来。面在手绘表现中具有十分重要的作用。在空间表达中，面分为顶界面、侧界面与底界面，不同位置、方向、形态的面进行组合，使其空间表现丰富多彩，形成连续、流动的空间效果。

4. 体

体是点、线、面构成后的综合体，有结构、有体积地存在于空间中，如方体由8个点、12条线、6个面共同组成。点成线，线成面，线条虽然作为手绘的重要基础，但是最后也要以面和体块的形式存在于画面中。无论是在室内、景观或建筑表现中，都需要物体通过体块之间的穿插、遮挡等实现对空间物体的造型，所以各种各样的体块练习就显得尤为重要。体既可以是实体（即实心体量），也可以是虚体（由点线面所围合的空间）。体的这种双重性也反映出空间与实体的辩证关系。体能够限定出空间的尺寸大小、尺度关系、颜色和质地，空间也预示着各种体，这种体与空间的共生关系可以在空间设计的几个尺度层次中反映出来。

（二）色

色彩的视觉效果非常直接，被广泛应用于各个方面。手绘表现技法也离不开色彩，色彩是手绘表现中非常重要的组成部分，手绘中的色彩应用主要体现在上色阶段。色彩有其完整的物理属性，它包括色相、纯度、明度，同时也拥有着独特的情感属性。

由于手绘表现的专业特点，色彩与光影、材质、环境都有着非常紧密的联系，运用与掌握色彩的过程，实际上也是设计的过程，较好地理解色彩关系，掌握色彩规律，是学习手绘非常重要的阶段，下面将详细剖析色彩应用知识。

（三）质

质指的是质感，是在视觉、触觉、感知心理的共同作用下，人对材料所产生的一种主观感受。质感包括两个方面的内容：一是材料本身的结构表现和加工纹理；二是人对材料的感知。材质的具体描绘应从形体、色泽、纹理、工艺等方面表现。不同材质的表面吸光、反射都有所差别，对光的反射处理，是能否生动、形象地描绘材质的本质。

用于空间表现的材质基本分为木材、石材、砖材、玻璃、金属等。常用木材有红木、水曲柳；石材常为大理石、玉石等；砖材常为红砖、马赛克砖；玻璃分为普通平板玻璃、喷砂玻璃、彩绘玻璃等。

（四）光

如果没有光，这个世界将是一片漆黑，可以说有了光，物体才有了受光面、背光面和投影，空间与画面才会形成完整的光影关系。光影关系是画面中不可缺少的重要元素，同时也是黑、白、灰关系的载体，所以光影关系的刻画能够决定一幅画面的空间进深感和时间性，是画面表达的重要组成部分。

在人们生活的环境中，光是空间色彩存在的前提，有了光才让人们感知到了身边的事物。物体在光的照射下，有了高光、亮面、暗面及投影，这种明暗关系丰富了整个画面。光影相随，光线与阴影是整合空间的重要元素，如果没有光影，空间就失去了生机。处理好光与影的关系，能够使空间变得明亮、生动。

在表现画面效果时，光往往容易被忽略。室内与室外的光来源不同，分析应从不同角度出发。室内光的来源很多，建立空间时，首先应该考虑整体的环境效果，之后再考虑个别点光源，在封闭的室内空间中，灯光是主要的光线来源，有窗户的室内空间中，则要考虑自然光的射入。室外的光线主要受到天气与时间的影响，在阳光明媚的正午，光线比较刺眼，物体的明暗对比比较强烈，阴天时，物体的明暗变化比较弱。

有时我们无法确切地画出光线，而阴影是表达光线的最好方法，通过描绘物体阴影，不仅强化了物体在空间中的位置，并大大增强物体的立体感。阴影受光的色彩影响，会呈现出不同的冷暖色调，空间的色彩也随之变化。光线位置和性质（自然光或人造光），决定了物体受光后所形成的阴影是强烈的还是柔和的。

不同物体的质感，可以通过该物体的受光状态来表现。光与阴影的明暗变化，诠释了物体是坚硬的还是柔软的，是光滑的还是粗糙的。不同材质的物体对光的吸收和反射是不一样的，如光滑的瓷砖地面，或者晶莹剔透的玻璃，都会产生强烈的反光。合理地留出高光与反光的位置，与阴影形成强烈对比，为空间的表现增添了少许情趣，使原本枯燥的画面充满生机。

三、室内空间的手绘表现

在手绘空间表现中，构图、透视、比例、光影、材质、色彩、造型等关系都囊括于画面之中，逻辑关系紧密，相辅相成，相互影响。

手绘塑造的空间离不开设计者的艺术底蕴，这种修养来自于长时间的绘画积累，只有积累从量变过渡到质变，才能从精神层面认识艺术。艺术无形中成为一种精神介质为设计者所用，并通过它来塑造出设计者所能想到的任何空间形式。艺术化的空间设计观念打破了传统的设计规则，使设计者可以创新性打造出一个潜在的视觉空间效果。随着人们对环境和空间品味意识的增强，空间的需求越来越需要用审美的角度去衡量，而不再是程式化的。设计师们通过手绘可以快速表现出自己的想法，并用艺术的眼光去塑造空间。艺术氛围的创造无疑对提升空间的艺术价值、拓宽空间设计的发展具有重大意义（图 3-2-1 至图 3-2-10）。

图 3-2-1 手绘表现 1

图 3-2-2 手绘表现 2

图 3-2-3　手绘表现 3

图 3-2-4　手绘表现 4

图 3-2-5　手绘表现 5

图 3-2-6　手绘表现 6

图 3-2-7　手绘表现 7

图 3-2-8　手绘表现 8

图 3-2-9　手绘表现 9

图 3-2-10　手绘表现 10

第三节　室内环境陈设设计

一、室内陈设的分类

（一）室内陈设的分类

室内陈设种类繁多，根据性质可大略分为四大类。

（1）纯观赏性物品，主要指不具备实用功能，但具有审美和装饰的作用，或具有文化和历史意义的物品，如艺术品、高档工艺品、绿色观赏植物等。

（2）实用性与观赏性为一体的物品，指既有特定的实用价值，又有良好的装饰效果的物品，如家具、家电、织物、书籍等。

（3）因时空的改变而发生功能改变的物品，指原先具有实用功能的物品，随时间推移或地域改变，其实用功能已丧失，同时审美和文化价值得到提升，如古代服饰、建筑构件等。

（4）原先无审美功能的、经艺术处理后成为陈设品的物品。干枯的树枝经过处理后变成了装点室内气氛的陈设品等。

二、室内陈设的作用

（一）改善空间形态

现实生活中，受建筑格局、室内设置等因素的影响，有的建筑线条过于生硬，整体缺乏灵性，长时间在这样的环境中工作生活，难免使人感到单调冰冷、枯燥无味。室内陈设可以通过利用绿植、摆件、个性装饰等陈列物，按照特定的方式进行排列和摆放，让室内空间形态变得色彩亮丽、形态生动、趣味多样，最终达到有效改善室内空间视觉效果，提升感官享受的目的。

除此之外，利用室内陈设物对空间进行分隔也是改善空间的有效方法，通过对室内灯饰、家具、绿植等物品的摆放，使室内空间更加适用、合理、舒适，提升空间层次感的同时，改善视觉感官。

（二）柔化室内感觉

随着现阶段建筑水平的飞速提升，越来越多的钢架结构、玻璃幕墙、合金、板材等建筑材料充斥于建筑当中，而这些材料的广泛应用，让本就疏离的城市变得更加冰冷。室内陈设是利用各种造型多样、风格不同、色彩鲜艳的室内陈设品，采取不同的方案，有的放矢地柔化空间感受、改变空间体验，赋予钢铁建筑勃勃生机。

（三）表现空间意象

出色的室内设计，往往需要设计师对项目进行量体裁衣，按照客户要求的风格或特定的主题，有针对性地进行设计。在设计方案与建筑风格相矛盾的时候，就需要借助室内陈设物，调节两者之间的矛盾冲突，充分利用陈设品的自身特点，在二者之间找到一个中立点，起到画龙点睛、锦上添花的作用。

（四）营造空间意境

在日常常见的陈设品当中，多数具有较强的视觉感知度，这也更便于陈设品在室内环境中营造预期的氛围，而室内空间氛围的营造，能够有效改善空间环境带给人们的视觉效果和总体印象，无论是轻松愉悦、热情奔放，还是庄严肃穆、清新高雅，每一种气氛所营造的意境，都能够赋予环境特定的主题和思想。

（五）强化空间风格

室内空间风格多种多样，陈设品搭配的合理组合和恰当摆放，对室内空间风格的确立有极其关键的作用。因为陈设品的种类、形态、材质、色彩等因素的独特性，左右了室内陈设的视觉效果，更直接决定了室内空间风格效果。

（六）体现地域特色

由于地域不同和文化差异，陈列品的外表形态、风格、内涵等特征各不相同，所代表的室内环境风格也迥然不同，如江南地区把旧时门头作为室内装饰，东北农村把农具作为室内陈设等等，都是具有鲜明地方特色的装饰习惯。所以，在改善室内环境过程中，需要充分考虑地域特点和文化习惯，有侧重地利用具有地区文化特点的陈设物完成室内环境的陈设设计，才能够更加贴切地体现地方特色，满足客户需求。

（七）反映历史文化

陈设品的内容表现了各历史时期的生产水平。在我国陶器、青铜器是先秦文化象征，瓷器、织锦等是唐宋文化体现，高足家具是宋元以后生活形态的反映……陈设品以历史文化艺术为内涵，往往反映一个民族的文化精神。

（八）表达个人喜好

设计者或客户对于室内陈设方案的设计或意见，可以直接反映出其审美取向。特别是在陈设品的选择上，可以直接体现出选择者的兴趣爱好、生活习惯、欣赏品位、文化修养、职业特点等个体特性。

在室内环境中充分利用陈设物组合搭配出格调高雅、造型独特、创意新颖且具有深刻文化内涵的陈设，对于营造不同风格、不同情调、不同欣赏水平的室内环境有特殊的效果。

所以说，室内陈设设计是室内设计中不可或缺的重要部分，其中很大一部分原因是室内陈设品的选择对室内陈设设计的影响，陈设品自身所具有的外表形态、文化内涵、地域特点、历史意义、表现形式及审美习惯等，让陈设品成为室内空间设计中的一个个"精品"和"亮点"，也正是因为这些"精品"和"亮点"，让整个室内空间在视觉效果上更加悦目、感官上更加合理、体验上更加舒适，若缺少了这些点缀，室内空间设计则会失色不少。

三、室内陈设的搭配方法

（一）色彩搭配法

1.调子配色法

利用室内陈设的合理搭配，可以让人感到身心愉悦，通过对两种或两种以上的色彩进行有序地组织来实现，而这种配色色调的形成，可分为冷色调和暖色调、浅色调和深色调以及无彩色调。

浅色调是以色相中比较明亮的色调为主形成的色调。浅色调易形成雅致、洁净、温和的氛围。在浅色调的空间中，并不是所有的色彩都是浅色调，可在局部增加低明度的点缀色，达到丰富层次的效果。

深色调是以色相中明度、纯度较低的色彩为主形成的色调，在室内还可利用光来塑造空间，达到神秘、炫酷等效果，但并不是所有的色彩都是那么低沉，可利用明快、艳丽的点缀色形成对比关系，加强空间的色彩效果。一般深色调的形成和光的控制是紧密结合的，深色的环境更加突出光的明亮，是极好的视线引导方法。

冷色调是指以蓝色、绿色、紫色为主形成的色调。冷色带给人的生理反应是理性的，让人联想到寒冷的冬天、冰冷的大海等自然景物，所以冷色调往往应用在需要使人沉静、清爽、空旷的场所。暖色调是指以红色、橙色、黄色为主形成的色调。暖色给人的感觉是热烈、欢快、喜悦的，令人联想到温暖的太阳、炽热的火焰而感到无限的温暖，所以暖色调往往应用在需要令人感受喜悦、冲动、欢乐、热情的场所。

无彩色调是指利用黑、白、灰搭配的空间色彩氛围。无彩色调是自然界没有的效果，所以形成的空间氛围比较理性，属于非常规的效果，往往是比较个别的群体喜欢选用的色调。这类空间中并不是没有其他的色彩，而是为了更加突出这种彩色而选择的无彩色调。

2. 对比配色法

对比配色指的是通过对两种或两种以上色彩的明度、灰度和彩度进行配色，通常分为明度、灰度、冷暖、深浅、补色等对比配色。

明度对比侧重的是黑白等反差较大的极端色彩的搭配方法。多数时候，明度对比会利用同色系中差异较大的色彩进行对比，形成明显的极差效果，营造出单纯宁静的色彩氛围，而明度对比中应用较多的，极端效果最明显的当属黑白配，通常会以白色作为空间背景色，用黑色作为主体色或点缀色，因为白色背景在灯光照射下，受到灯光照射角度投影面的大小等因素影响，产生不同的灰色，丰富了空间层次和效果。如果面积不是太大、纯度不是太高就不会对空间的色调产生过大的影响。

灰度对比更倾向于色彩纯度上的对比。这种对比既可以在同色相色彩中加入白色或黑色进行对比，形成各级色彩的对比关系，也可以通过高纯度色彩与黑、白、灰等无彩色系之间的对比形成对比关系，还可以是一种纯度较高的色彩与其他低纯度色彩之间的对比，如深灰蓝的空间沉静、高贵、低调，于其中加入鲜活时尚的红色装饰，带动空间的活力与热情。

无论何种对比关系都需要掌握纯色的面积比例。人可能长时间停留的地方应该灰度面积大，纯色面积小，而不适宜人长时间逗留的区域，则可利用增加纯度色彩面积方法，使人容易产生视觉疲劳感而快速离开。

冷暖对比主要是指利用色彩带给人的不同心理感受来满足人们对空间的使用需求。冷色的空间使人冷静，人看到蓝、绿、紫等冷色会产生向后退的感觉，增强了距离感，有扩张空间的作用。反之，红、橙、黄等暖色空间使人产生兴奋的情绪，人会有接近的感觉，拉近了距离，使得空间的感觉较热烈而变得紧凑。

补色对比是冷暖对比中最为激烈的对比，因而可产生比其他冷暖对比更强烈和更丰富的效果，在补色关系中有三对是最基本的补色关系，它们分别是红与绿、橙与蓝、黄与紫。

3. 风格配色法

室内设计风格指的是利用室内各种界面、家具、陈设物等不同造型、色彩、材质的组合和摆放布局，按照室内装饰设计的一般规律，通过特定的组合方式，形成一种可以被人们所认知，具备鲜明特征的装饰风格，而实现室内设计风格当中的色彩特点，就是我们所运用的配色原则。

运用风格配色法需要了解历史上或是不同地域里某些风格约定俗成的配色规律，通过将室内色彩按照特定规律的搭配，引导人在思维中构造特定风格的空间架构，最终实现塑造空间的目标。

（二）材质搭配法

在室内陈设设计中选择不同的材质构件，按照这些材质自身的性能特点来组成室内装饰，能够满足人们对室内装饰的功能要求以及人们对室内审美的要求。陈设材质，按照其质感分类，可分为硬质材质和软质材质，硬质材质主要包括石材、木材、金属等比较坚硬的，软质材质则包括织物、壁纸、地毯等。

不同饰面材料及做法可以给人不同的质地感觉。在建筑领域常见的材料材质中结实或松软、粗糙或细致。坚硬而表面光滑的材料往往能够给人以庄重、严肃、有力、整洁的感觉，如花岗岩、大理石等；松软而富有弹性的材料，能给人以柔顺、随和、温暖、舒适之感，如地毯、纺织品等。此外，即便是同种材料，由于做法的不同也可以取得不同的质感效果，如同样是混凝土材质的墙面，粗犷外露和光滑平整，呈现给人也是两种截然不同的感觉。

除了上述因素，陈设物的体型、体量、立面风格等方面的因素也直接影响着饰面的质感效果。由于室内装饰多数和人距离较近甚至直接与人的身体接触，所以通常会采用那些质感较为细腻的材料。

（三）形态搭配法

形态搭配法是利用不同形态的对比或是相同形体的统一形成的搭配原则，如在搭配小件陈设品的过程中，往往是根据大件家具的具体形态和特质，通过模仿或比拟，塑造出相似的场景，使室内空间具有一定的趣味性。

在形态搭配法中，很多效果的变化需要通过空间虚实的交替、构件排列的疏密、曲柔或刚直的穿插等手段来实现。具体地讲，常用的方法可分为连续式、渐变式、起伏式、交错式等。需要格外注意的是，在整个空间陈设中，不同房间可以采用不同的节奏和韵律，这样可以给人以新鲜感，但切忌在同一房间采用两种节奏或韵律，这样的组合很容易让人坐立不安、心烦意乱。

（四）风格搭配法

按照特定风格的陈设要求所选择的搭配，就是风格搭配法。我们生活在一个多元的时代，流行的风格各种各样，而且各种风格在不同的时期反映的空间效果又随材料、工艺、审美观点的变化而变化。选择已经被广泛认知的风格特点进行陈设设计，可传递出亲切感的信息，是陈设设计最易掌握的手法，如混搭式风格，它是现在人们对于古典风格的彻底遗弃，但同时还保有思想上的留恋，是一种矛盾关系的体现。事实上，混搭风格是一种选取精华的心态的再现，人们对自己喜欢风格中的经典饰品进行重新搭配，东西方文化的冲撞、戏剧化的表现与和谐，反而产生一种新的效果，令人欣喜，成为很多人喜爱的风格。

四、室内陈设设计的特点

陈设设计不仅与人们的生活和生产有关，还对室内环境空间的组织与创造有直接影响。陈设物品在室内环境中具有其他物品无法替代的作用，可表达一定的思想内涵和精神，是美化环境，增添室内情趣，渲染环境气氛，陶冶人的情操必不可少的一种手段。室内陈设设计的特点可以概括成以下四点。

（一）人文性

技术、手法、材料的发展都是必然的，设计师对它们的选择也是自由的，只有人文精神始终如一地蕴含在优秀的设计之中。不同民族、不同地域、不同时代都有不同的文化体现，蕴含人文性的设计有其不可复制性。民族是指共同的地域环境、生活方式、语言、风俗习惯以及心理素质形成的共同体，各族人民都有本民族的精神、性格、气质、素质和审美思想等，中华民族具有自己的文化传统和艺术风格，其内部各个民族的心理特征与习惯、爱好等也有所差异，这一点在陈设品中有很好的体现。自视为龙凤后代的汉族，由于代代相承的传统和习俗，有大量龙凤题材的装饰纹样。彝族喜欢用葫芦作为陈设品。著名的塔尔寺喜欢用各种幛幔、彩绸及藏毯等来装饰室内。一般的室内空间应舒适美观，而有特殊要求的空间则应具有一定的内涵，如纪念性建筑室内空间，多采用大型壁画加强空间的深刻含义。室内陈设能体现主人的品位，是营造空间氛围的点睛之笔，可以根据空间的大小、形状以及主人的生活习惯、兴趣爱好和经济情况来设计。设计师应从人文的角度入手把室内陈设设计纳入现行的室内设计，进行系统连贯的创造性设计，营造个性突出、温馨怡人、变化多端的空间。

（二）交互性

陈设品在室内空间绝不是简单的摆设，服务于使用者的生活需要是室内陈设设计的最终目的。首先陈设品之间有交互性，包括使用功能的互补、色彩的对比、形状的交融等，其次它们是有生命的，使用者必须与陈设品形成互动，去使用它、感受它，明确它存在的意义，有的是休息时用的，有的是工作时的助手，如果脱离了与人的关系，陈设品的存在就形同虚设。

（三）原创性

一味地复制与模仿令人生厌，室内陈设设计强调想象力、艺术性和原创性。原创性不仅是对整体设计的要求，还应具体到陈设品个体的选择与设计。在室内简单地悬挂几幅粗劣的临摹油画，摆放树脂制成的仿造工艺品和仿真花，会使整个空间显得俗气，如果选用合适的具有艺术特色的原创陈设品，不仅能为空间增色，还可以陶冶情操，增添生活情趣。

（四）实用性

所有陈设品都应发挥其自身最大的使用性能，既有装饰性又有实用性，而不是对室内空间空白处的简单填充，如绿化植物可以选芦荟、吊兰、龟背竹等，在美化空间的同时又能够清除空气中的有害物质，有益于使用者的身体健康。

第四节　室内环境空间设计

一、室内环境空间类型

室内空间不同的造型，满足的是人们在物质生活丰富之后而提升的与之相匹配的精神生活需要。现在创造的空间样式是在科技水平的提高，丰富知识的积累，人们的经济水平越来越高的基础上产生的新思想，在这种思想的指导下孕育出多样室内空间类型。以下是几种常见的室内空间类型。

（一）结构空间

结构空间指的是观察者通过对建筑物外露部分的机构进行观赏，结合空间结构构思和装饰技艺，来深刻领悟设计者所要表现的空间环境的视觉效果，通过人们对建筑物结构的理解和设计，辅以精巧的构思和高超的技艺，提升室内空间的整体装饰水平，提高室内环境的表现力和感染力来赢得人们的称赞，这是现代空间艺术审美的主流和倾向。

（二）开敞空间

空间开敞的程度是由建筑物有无侧界面、侧界面围合的程度、开洞的大小以及室内设备对空间启闭的控制能力决定的。开敞空间由于其与外界的密切联系，相比同样面积的封闭空间要显得更加开阔，故而开敞空间所营造的心理效果，会给人以开朗、活泼的印象，常常会被应用于室内外的过渡空间，通过较高的趣味性和流动性，对空间营造开放心理环境有极佳的效果。

（三）封闭空间

封闭空间相对于开敞空间，内外部连接较少，且空间与周围环境的流动性较差，所展现的性格也是内向、封闭的，虽然可以通过设计改造降低其实体围护的限定性和封闭性，增加与周围环境的渗透性和交流性，但封闭还是其主要特点。设计师为了消除封闭空间带来的沉闷感和压迫感，通常会采用灯窗、镜面和人造的景观天窗等工艺手段来人为营造扩大空间感、增加空间层次的视觉效果。

（四）动态空间

动态空间当属空间形式中最活泼、灵动的空间类型，由于其多变、多样、动感的特性，体现出了较强的节奏感和韵律感。多用曲线和曲面等表现形式，色彩明亮、艳丽。营造动态空间可以通过以下几种方法：

（1）利用自然景观，如喷泉、瀑布和流水等。

（2）利用旋转楼梯、自动扶梯、升降平台等技术手段。

（3）利用动感较强、光怪陆离的灯光和丰富的色彩。

（4）利用生动的背景音乐。

（5）利用曲线和曲面的造型或交错的空间结构。

（五）静态空间

静态空间是一种空间形式非常稳定、静止的空间类型。相对于动态空间，静态的空间满足了人们对于动与静的交替追求。空间相对封闭、限定度比较高、私密性比较强、构成比较单一是静态空间的主要特征，正因为其特性，在室内陈设时，多采取对称、协调等表现手法，用于协调陈设比例和尺度，营造朴素、淡雅、宁静的空间氛围。室内造型简洁，照明的应用十分讲究，常采用间接照明和漫反射照明。

（六）悬浮空间

悬浮空间之所以被称为"悬浮"，主要是室内空间陈设通过对上层空间当中底层的设计，依托吊杆，不依靠墙体或柱子的支撑，让装饰物进行垂直方向的悬垂，从而营造出悬空的效果。

（七）流动空间

流动空间的精髓在于发掘空间生动的特性，并在日常室内陈设中予以应用，通过象征性的对空间水平和垂直方向上的分割，以最大限度地保持空间的交融和连续，确保空间的视线通透，交通顺畅。为满足某些客户特定的需求，在一定空间营造安静隔音的小气候空间，则需要采用透明度较好的隔断，在确保空间视觉效果的同时，可以保证与周围环境的流通顺畅。

（八）虚拟空间

虚拟空间又被称为"心理空间"，指不通过完备的隔离装备设备，仅依靠形体的启示、思维的构想和视觉的感受对空间进行划分。虚拟空间是一种特殊的仅通过简单装修即可获得的空间效果，其身处母空间之内，既与母空间能够相互流通联系，又具有一定的独立性和领域感。

（九）共享空间

建筑师波特曼首创的共享空间，在世界建筑界具有极高的盛誉，被广泛应用于大型公共建筑内的公共活动中心区域和交通枢纽地段，通过其多样的要素和多功能的设施，能够让使用者在精神上和物质上具备较大的选择空间。所以说，共享空间也是一种综合性、多功能、广用途的灵活空间，在协调室内外空间特征上具有特殊效果。

（十）不定空间

不定空间是指具备多种功能寓意、没有明确的空间界限、自身兼顾着矛盾的中性空间。不定空间的产生取决于人类的意识形态和行为活动之间的模糊现象，既不能用单纯的是或否去评价界定，又不能用单一的表现形式去反映空间形态。

（十一）交错空间

在现代室内空间设计的过程中，由于人们日常欣赏角度和工作需要的提升和变化，封闭规整的六面体式居室结构以及过分单一的房间层次划分已经不能满足人们日渐挑剔的眼光。这就需要设计师充分应用水平方向与垂直围护之间的交错配置，在视觉上打造水平空间上交错立体感官同时，在垂直方向通过打破上下齐整的对位，形成纵向的交叉错位，营造仰俯相望的鲜活场景。此外，交错空间还经常性地将流动空间与不定空间的特点和自身特点相融合，形成新的空间感觉。

（十二）凹入空间

凹入空间指的是利用设计手法使室内空间局部凹入，进而在室内空间中形成深浅对比的一种空间类型，由于其具有一定的围护效果，故其私密性和领域感都很强，还可以大大地提升空间立面装饰效果和房间装饰的立体感。特别是凹入式壁龛的应用，能够丰富墙面的层次感，明确视觉中心，让墙面的设计效果变得更加丰富、鲜明。

（十三）外凸空间

外凸空间是利用装饰手段在室内空间的局部地方形成凸出部，进而造成空间前后进深层次的一种常用的空间类型，其主要特点是外凸部分视野较开阔，领域感强。现代空间设计中常见的挑台就是外凸空间的一种，它使室内空间更加有层次，形成局部空间与整体空间交错呼应的感觉。

（十四）下沉空间

下沉空间是指室内地面局部下沉形成的一种限定范围的比较明确的室内空间，其具有中间低四周高的视觉效果，给人一种极强的围护感和相对内向的空间性格。处于下沉空间中，视点降低，环顾四周，新鲜有趣。下沉的深度和阶数要根据环境条件和使用要求而定。

（十五）地台空间

地台空间与下沉空间在某种意义上有互补的意味，是通过室内局部地面的抬高，在地面边缘划分出有别于周围的空间，由于地面的抬高，更容易吸引人们的目光，成为来自各方的焦点，凸显出外向的空间性格，展示性和收纳性都很强。地台空间的设计手法，可以让身处其中的使用者很容易产生一览众山小的优越方位感，使人视野开阔，身心愉悦。

（十六）母子空间

母子空间指的是在原有空间中，通过构件实体或运用象征的技术手段，重新创造或模拟出一个略小的空间。这种大空间中包含小空间的设计方式，与我国传统的"楼中楼"或"屋中屋"创意有异曲同工之妙。在现代社会的室内空间设计中，许多餐厅的隔间、卧室中封闭式的卧床，都可以称为母子空间。母子空间能够在满足室内设计功能需求的基础上，进一步丰富室内空间的层次结构。

（十七）迷幻空间

迷幻空间以其神秘新奇、光怪陆离、变幻莫测、动荡不定的奇幻风格，能够让室内空间具有戏剧般魔幻、超现实的视觉效果和体验。有的设计师为了追求空间造型的迷幻效果和唯一性，甚至放弃陈设品的实用性，单纯通过扭曲、断裂、错位等艺术手法，利用各种造型奇特、风格魔幻、色彩丰富的家具或陈设品，追求怪诞的光影效果，在色彩上则突出浓艳娇媚，线型讲究动势，以抽象的图案或图形等装饰，或者利用现代工艺手法营造奇光异彩的空间效果，展现室内空间装饰的奇幻风格。

二、空间设计的出发点

（一）从现有场地出发

创建内部空间的场地通常会存在许多限制，这些限制是确定规划方法的主要因素。一些现有场地条件可以为方案的空间组织策略提供有价值的信息，包括：

（1）场地历史；

（2）现有细胞空间；

（3）结构网格；

（4）建筑物剖面形式。

（二）从客户出发

大多数室内设计工作都是通过创造空间满足某些商业需求，而这些需求通常是由客户提出的。在某些情况下，客户可能只是希望在空间中创建一个适合特定用途的场地，如药品制造商可能需要在其工厂中设置一个管理办公室，在这种情况下，就需要一个室内解决方案，该解决方案必须提供一个与现有建筑物相协调的工作空间。有时客户需要一个室内方案来体现其身份、气质或爱好，在这种情况下，可基于客户身份来推动项目。

（三）从建筑方案出发

大多数室内设计项目的空间组织是由建筑物功能或建筑方案决定的。设计方案必须为有关活动提供所需的空间，并确保这些空间以适当的方式进行安排，以便用于某些特定用途。虽然对方案来说满足场地环境和表达客户的要求很重要，但最终室内必须为使用者服务。相同的功能需求通常可以通过多种方式来满足，这将产生截然不同的平面图，从而为用户提供完全不同的体验。室内设计师的工作是引导访客使用该空间，为其提供适当的体验。这里以餐厅作为一种简单的示例，可以根据不同情况采用多种不同的方式来布置。影响餐厅规划的因素有很多，高档餐厅一般会为每个用餐者提供更大的空间；根据不同场合灵活布置桌椅；使用多种系统来点餐和上菜，包括服务员服务、自助服务和辅助服务。每种服务策略都需要不同的规划安排，这取决于具体建筑方案的性质。最重要的是，餐厅作为一个复杂的环境，必须将顾客放松的休闲环境与员工忙碌的工作场所无缝地结合起来。一个餐厅要想成功，其内部必须满足这两个群体的需求。

三、室内空间的组合

（一）空间关系

1. 空间内的空间

母子空间在整体空间中，可以包含一个或者若干个小空间，通过大小空间之间的联系，保持空间的连续性和整体性。两者之间的尺度需要有明显的差别界定，大空间作为母空间，需要始终保持与小空间之间的明显尺度差距。

2. 穿插式空间

穿插式空间同样由两个空间组成，这两个空间既有相互重叠的公共空间，又分别有各自的独立空间，当两个空间以穿插的方式在一个空间并存的时候，在必须保持其各自空间界限和完整性的同时，还可以产生以下情况：

（1）两个空间的穿插部分，可为各个空间同等共有。

（2）穿插的部分作为其整体空间的一部分，可以与其中任一空间进行合并。

（3）穿插部分自成一体，成为原来两个空间的连接空间。

3. 邻接式空间

邻接式空间在室内陈设设计应用中非常普遍，邻接关系允许不同空间按照自己的功能或象征意义划定界限，相邻空间的接触面能够把空间既分隔开来，又可以依靠接触面紧密联系在一起，以保证相邻空间之间的视觉效果和空间的连续程度。同时，不同的分隔面可能产生以下不同的情况。

（1）通过对两个邻接空间视觉和实体连续的限制，增强每个空间的相对独立性，制造两个不同的空间效果。

（2）作为一个独立的面设置在单一空间里，根据这种情况，可以把一个大空间分隔成若干部分。邻接的空间既有区别，又通过重叠的部分互有连通，空间之间虽没有明确清晰的界限，却也不是完全独立的空间。

（3）利用建筑物的列柱对两个空间进行分隔，能够增加两个空间的视觉效果，提升两者之间的连续性。

（4）利用暗示来处理两个空间的高差或界面的变化。

4. 由公共空间连起的空间

利用空间相互之间的关系，通过第三个过渡性空间实现具有一定距离的两个空间的连接或联系，这样的过渡空间在空间连接上具有重大意义。

（1）过渡空间在联系两个空间过程中，可以通过其自身形状、大小、朝向等元素的不同特性区别于其他两个空间，进而体现其联系载体的作用。

（2）为了确保空间排列的线性序列，过渡空间可以在自身形状和大小与它所联系的两个空间完全一致。

（3）联系两个具有一定距离的空间或互相之间没有关系的若干空间，可以通过采用直线式的过渡空间来实现。

（4）过渡空间还可以在空间关系中作为主导空间，将一些空间组合在其周围，但若想实现这一功能，则需要过渡空间足够大。常见的酒店大堂、火车站等，有相当一部分空间起着过渡空间的作用。

（5）过渡空间的形状也可以完全根据它所连接或联系空间的形状和朝向来确定，这样可以起到形式上相互兼容的作用。

（二）空间组合

1. 集中式组合

集中式组合就是通过构建一种稳定的向心式构图，在一个中心主导空间周围将一系列次要空间进行组合。

集中式组合对于中心空间的要求比较高，需要形式上保证规则、尺度上足够大，以确保有能力将若干次要空间集结在其周围，对于次要空间造型，则仅需要保证其功能一致，形成规则、尺寸统一且由对称的两轴或多轴组成。

2. 线式组合

线式空间组合就是将重复的空间按照线式序列进行排列，既可以将若干不同空间利用线式序列规律进行排列，也可以利用不同的单独线式空间进行联系。

线式空间组合通常利用若干个功能、尺寸、形式都相同的空间进行组合，特殊情况下，也可以在一个线式空间按照特定的轴线规律，将若干功能、尺寸、形式各不相同的空间组合起来。

在线式组合的应用过程中，可以通过对空间序列中出现的任何一处空间，利用尺寸和形式来突出空间某些功能或象征方面的重要性，就还可以利用置于线式序列的端点、偏移式线式组合或处于折形（或扇形）线式组合的转折处，对空间所处位置加以强调。

3. 辐射式组合

辐射式组合就是在确定中心空间的基础上，将线式空间按照辐射状扩散而形成的组合，因而辐射式空间组合同时具备了集中式和线式组合的特点。以中心空间为核心的线式组合，可在形式、长度方面保持灵活，可以相同，也可以互不相干，以适应功能和整体环境的需要。

4.组团式组合

组团式空间是将若干位置相近且具备共同视觉特性或关系的空间进行组合，通常由重复出现的格式空间，将具有类似功能且具有共同视觉特征的各个空间紧密联系起来。

因为组团式组合空间设计中没有明确的某一个固定的核心或重要位置，如果想通过组团式组合实现某个空间所具有的特殊意义，则需要通过造型之中的尺寸、形状或功能才能达到目的。

5.网格式组合

网格式组合通常利用空间之间的位置关系和相互联系，形成一个三度的网格形式或范围，以体现网格式组合的空间规则。

网格可通过其形式形态的变化，实现不同的空间装饰效果，如通过部分倾斜改变网格在某一特定区域的视觉效果和连续性；利用中断网格，为室内空间划分出一个主空间或形成一个室内的自然景观；通过网格部分的位移或某一基本图形的旋转，让空间发生视觉形象上的变化，以增加空间的趣味性。

四、室内空间设计概念

（一）什么是概念

对于一名室内设计师来说，可以将概念定义为抽象的或笼统的想法，这些想法可以指导设计师在设计过程中做出决策，从而使设计更具凝聚力。一个概念可能与整个项目有关，并且可以指导决策的方方面面，从规划到细节再到材料规格或应用于设计过程的每个特定部分，如"规划概念""照明概念"或"颜色概念"。

概念的产生对于某些人来说是自然而然的，这些人具有创造性思维的天赋。不过，大多数设计师都会为项目创建有趣且适当的概念，这其实是一种思考方式。设计师可以开发适当的思考方式使自己的创造力更加自信。

概念的产生多种多样，但是较为聪明的想法，通常是基于手头的项目发展概念。当开始一个项目的工作时，室内设计师可以对其组成部分进行评估，以确定可能的概念创意方向。相关的内容因不同项目而异，但通常可以从以下几点出发：

（1）客户；

（2）项目用途；

（3）现场；

（4）设计方法。

方案的概念生成方法通常有多个层次，我们可以从项目的不同方面汲取灵感。

（二）基于客户的概念

项目的客户可以通过多种方式成为方案概念的起点。商业项目可能会从以下来源获得启发，其中包括：

（1）客户业务的性质；

（2）客户的产品或服务；

（3）客户的企业身份。

住宅项目通常取决于客户的背景、客户的兴趣或其对房屋的特定功能要求。

（三）基于用途的概念

建筑物的用途可以为开发室内设计方案的概念性想法提供丰富的材料资源。这通常会导致"叙事性"响应，其中建筑物使用活动的某些特定方面可以为项目提供想法，具有叙事性的内部空间讲述了一个可以让使用者理解和欣赏的故事，建筑的每个部分都可以作为隐喻，以增强体验感。

在一些情况下，某个方案的交付方式会被完全改写，设计师为解决当前的问题开发了一个全新的系统。这种类比式的再创造可以采取一个大而概括的想法形式，先形成一个概念，继而寻找一种对室内方案进行规划和空间组织的新方法。宜家门店就是一个例子，在那里，人们习惯的零售空间概念被一个新的组织系统所取代。简单来说，这个组织系统将主要活动分为三个区域，它们分别是展厅、市场和自助式仓库。然后，顾客以线性路线在空间中穿行，从而鼓励他们体验门店所提供的一切。

（四）基于场地的概念

现有建筑物的现状往往会成为推动项目进展的概念创意来源。与场地相关的概念可能会解决以下问题：

（1）建筑物的历史；

（2）场地位置；

（3）现有建筑物的建筑风格；

（4）建筑物的质量；建筑材料。

采用大胆的空间策略，可以成为方案的概念驱动力。这可以看作是基于设计方法的概念，通常取决于所涉及的场地以及如何回应它，以取得成功。

（五）基于设计语言的概念

创造某种三维语言通常是开发室内设计方案的主要推动力。如果现有场地与新的内部元素之间存在强烈反差，则可以产生特别效果。这种方法的乐趣在于，它允许设计师探索基本的三维手法，如使用模块化系统或运用平面（或线条）的组合来定义空间。这种设计方法可以研究"临时性"及其在更永久的建筑围护结构中存在的情况，对手如何引入新元素，它们的寿命是多久，它们会在其他地方被重复使用吗？可在实践中探讨。

五、室内空间绿化设计

（一）什么是室内绿化设计

室内绿化设计是人们运用技术与艺术手法，结合植物与各种装饰材料，在建筑空间中创造一种回归自然、浓缩自然的氛围。室内绿化设计既满足了人们视觉上对自然风情与淳朴之美的追求，又达到了心理与身心返璞归真的需求，还兼顾了空间的实用功能。室内绿化设计虽然以植物为主要素材，具有景观或园林设计的特征，但仍属于室内设计的范畴。

植物能够创造自然的气息，美化环境；无论是我国还是西方国家，绿化景观都是一种常见的造景手法。运用植物来装饰室内空间的历史悠久。我国经历了传统的盆栽花木到微景观般的盆景艺术，再到室内瓶插，乃至如今将园林手法运用到室内空间各个阶段的发展过程。西方室内绿化设计发展过程中则较早地引入了防水、灌溉等方式，还创造了暖房技术，甚至还在设计界掀起了返璞归真、回归自然的绿色革命。可见从古至今，国内外都对室内绿化设计乐此不疲，室内绿化设计已成为如今流行的设计趋势之一。

室内绿化设计根据不同的建筑环境虽有大小之分，但是体量再大的设计与宏伟的自然景观相比仍然微小。室内空间中的绿化设计就好似一个"浓缩"的自然世界，精致且亲切。这种微缩自然，将自然留在身边的理念与如今的微景观有着异曲同工之妙。小型植物与各色器皿成为微景观的主体，自然被浓缩于方寸之间。微景观设计是如今室内绿化设计界的又一位新成员，它既充实了室内绿化的表现形式，又为其注入了一股新兴且富有趣味的活力。

在室内设计中，任何能通过植物替换的材料与装饰品都属于室内绿化设计的范畴，就好比用植物作为隔墙、用植物铺地，以及用植物替换吊顶、陈设品等内容，但所有工作的前提是必须保证植物的健康，否则室内绿化设计就无从谈起。室内绿化设计的内容包括从零起步的空间设计，也包括对既有空间进行的绿化改造。

（二）室内绿化设计微景观

1. 微景观概念

谈到微景观，大部分人的反应是养在玻璃瓶里的苔藓微景观或生态瓶，英文称之为 terrarium（生物育养箱或玻璃花园）。如果按玻璃容器养殖植物的方式寻找出处，其实可以追溯到 1829 年。当时英国人华德（Ward）博士发现了华德箱原理，即一种在封闭的玻璃箱中种植蕨类与花卉的方法。容器中土壤的水分蒸发后又回流到土壤再供给植物，透过玻璃，植物可以获得阳光，容器内的呼吸循环创造了一个小小的生态圈，其中的植物虽生长异常缓慢但不会死亡。这就是如今玻璃瓶内的微景观雏形。华德博士的发现如今以微景观的形式在年轻一代乃至世界上风靡起来。

在封闭的环境中通过植物来创造生态圈以改善环境的原理还被运用到了著名的巴黎植物园温室中，同时也对在室内空间中应用绿化产生了启示作用。

人们最熟悉的生态微景观多选用苔藓、蕨类以及一些小型耐湿植物，或是生长习性相同或相近的植物，运用造景与构图的方法将各类元素组合在玻璃容器内。大部分玻璃瓶中的生态微景观都会使用苔藓，因为苔藓是一种小型绿色植物，结构简单且生长缓慢。苔藓喜欢潮湿环境，对光照要求不是很高，小巧可爱的植株形态适合打造微型的场景。苔藓是微景观的灵魂之一，这也是生态微景观以苔藓瓶为代表的重要原因。

如今的生态微景观除了可以在花店或水族店购买，在超市、文具店中也有其身影，一些手作工作室也开设了苔藓微景观的课程。大量的商业行为使人们觉得微景观只有苔藓瓶一种，其实不然。就如同室内绿化设计会应用不同的栽种容器、选择多样的植物品种并创造不同的形式与风格一样，微景观的定义其实也十分宽泛。它们的分类如下：

（1）一种小型的绿化艺术

微景观十分贴近生活，并没有严格的学术定义，常见的微景观其实只是一种小型的绿化艺术形式。苔藓微景观最初可能只是一些爱好者为了居家装饰自发打造的。微景观的大小也并没有一个严格的规定，为了突出"微"的特点，大部分的微景观两手就能拿起。因此只要符合双手可以轻松拿起的小型绿植，再加上一个合适的尺寸，一般而言就可以算是一件微景观作品了。

（2）植物的素材与表现形式丰富

自然界中有着丰富的植物群落，微景观将这种丰富的自然组合浓缩并展示出来。自然界中的许多植物，不仅只有苔藓与蕨类，其他植物也可以成为微景观的植物素材。微景观所使用的容器与表现形式其实也是丰富多彩的，许多设计师即使不用苔藓，不使用玻璃瓶，也能制作出标新立异的微景观作品。

（3）富有趣味性

尺寸小是微景观的一大特点，但仅靠小还不足以风靡起来。富有趣味性，足不出户便能满足人们领略自然、拥有自然、激发想象的愿望，是微景观的又一大特点。许多苔藓微景观或水族造景都以表现森林为主题，森林对于城市中的人们来说是一处既陌生又好奇的地方，微景观无形中激发了人们对于森林的想象空间。微景观中时常会配有小动物或人物的饰品，就好似森林中童话故事的主角，满足了人们从儿时起就对童话世界充满的好奇之感。不少微景观作品都拥有有趣的名字，以给人一种联想，那些形态各异、色彩艳丽的植物也充分抓住了白领猎奇的心理，每日给植物喷水的操作令枯燥的工作产生了一种趣味。

（4）场景"微缩"却以小见大

微景观的"微"其实是一个相对概念。与居室的尺度相比，桌面上的苔藓瓶可以称之为"微"，但若将其移至大空间的公共建筑中，苔藓瓶可能只能用"微不足道"来形容。若将一个十字路口的街角花园移至家中，那整个房间都会被占满，但如果将其移至机场或火车站大厅内，那可能只是一处小小的休息场地。雨林中高耸的瀑布对于我们而言是巨大的，对于自然界来说实在是太渺小了。所以说，微景观的微其实不能以绝对大小来衡量。大型公共建筑常在室内融入庭院，并运用各类视觉技巧，通过微缩造景的手法创造一片有树有水、供人欣赏与休闲的场所，就如同江南园林在有限的空间内尽可能创造更多的空间层次，以小见大，还原自然气息一样。

　　微景观是一个开放的概念，而对于公共建筑来说，室内绿化设计是人们为追求自然、欣赏自然而融入一种自然景观的缩影。对于居家空间而言，无论选用何种大小的植物与表现手法，其实都可以算是一种微景观的形式。每个人心中都有一个对于微景观的理解。微景观其实并不是买一个苔藓瓶放在桌上用来欣赏那么简单的事，而是那份热爱自然、参与营造自然的心。

　　2. 盆景艺术与（苔藓）微景观

　　盆景是一种优秀的中国传统艺术。盆景以植物、山石、土、水等元素，结合艺术与园艺手法进行创作，以达到一种源于自然又高于自然的艺术形式。盆景将大自然优美的景色缩地成寸，展现了小中见大的艺术效果。

　　盆景、山水画与江南园林有着许多相似之处，在造型上将浪漫主义与现实主义相结合，同时以景抒怀，表现了深远的意境。

　　（1）盆景分类

　　第一，山水盆景。山水盆景分为旱景、水景与水旱景三种。山石盆景（旱景）以富有艺术感的石料配上植物或是以更单纯的堆土形式出现。山石盆景内不会出现水这一元素。"清、奇、古、怪"是山石盆景中山石的特点。这些石料的质地、纹理与色彩都不相同，经过各类工艺，如雕琢、拼接处理后可以形成孤峰或山峦重叠的效果。水景是将山石置于水体中，再将植物种植于石料表面的坑洞内。水景中的培养土被石料挡住不会接触到水体。水旱景是以上两种形式的综合表现，山水盆景常配以小桥、人物或凉亭等饰品，以给人一种"山水之美，方寸之间"的联想空间及意境之感。

　　第二，树桩盆景。树桩盆景又称为桩景，它与园林中欣赏单纯的一棵树、独木成景的桩景有着异曲同工之妙。桩景常以欣赏最单纯的植物的杆、叶、花、根或果等部分为美。桩景根据选材的植物再加以人工修剪、蟠扎与嫁接等方法干预植物的姿态，以达到植株矮状、花叶繁茂、独具形态的艺术效果。桩景一般可分为直干式、曲干式、临水式、横干式、垂柳式、悬崖式、丛林式、露根式与攀缘式等类型。绝大部分桩景都可以在自然界中找到缩影，这也是造景师尊重自然、向自然学习的一大体现。

　　随着时代的发展，我国传统的盆景艺术也呈现出多样化发展的局面。挂瓶盆景、挂壁盆景以及微型盆景等形式进一步丰富了盆景家族，这既是对我国传统盆景艺术的延续，又是一种向史而新的表现。

（2）盆景四要素

盆景是由景、盆、几（架）、境（环境）四要素组成的，它们之间相互联系，相互影响，缺一不可。

景即构成自然缩影的植物，没有植物或植物失去活力，即使容器再有韵味，盆景也会失去价值。盆即栽种植物的容器（花盆），花盆的大小、选用材质应与植物的质感及植物的形态相互呼应，如悬崖式的植物形态需配高盆，这样才能给予下挂的植株展示的空间。几（架）是盆景的载体，几（架）就好似展品的基座，引导人们如何从最合适的角度欣赏盆景。几（架）除了进一步表现盆景外，还起到了盆景与空间过渡的功能，或进一步加强盆景存在感的作用。室内的盆景艺术也离不开环境，盆景的意境及韵味非常适合古朴典雅的中式空间。

（3）二者关系

其实从对自然的理解、立意、造景手法而言，微景观与盆景艺术有许多相似之处。两者虽产生的时代不同，受众人群不同，但创作中的许多理念并不矛盾，盆景艺术中的精髓完全可以在微景观设计中进行尝试。

许多盆景的土层与石料表面都覆盖着苔藓，因为苔藓是一种自然景观，也是造景艺术家们最容易获得的素材，前庭后院都能找到苔藓的影子，只要给予适量的水分及光照，苔藓就能成长起来。盆景以自然为蓝本，将植物与艺术相结合并缩地成寸，小中见大的理念也正是各类微景观所极力追求的。

3. 微景观的魅力

（1）修身养性

"拈花惹草"是一种修身养性、文雅的标志。种花种草需要时间与耐心，制作微景观同样如此。微景观由于在方寸间造景，因此所有的步骤都要慢慢进行，植物与素材常需通过小工具按一定的步骤放置到容器内，这是一个极富耐心的过程，也是一种心境的修养。

一些比较用心的微景观课程前会有居家绿化设计案例的欣赏部分，并且还有唤醒苔藓的小仪式，其目的都是在告诉大家要在心静后再开始做微景观。

（2）保护生命的责任

第一，展现生命的魅力。亲手制作的迷你世界就像亲手抚养的孩子，每天为它浇水，时常给植物施肥并修剪枯萎的枝叶，让它快乐地生活。看着不断茁壮成长生机勃勃的植物，能带给人们一种发自内心的成就感。

第二，培养一种责任感。微景观与买来的成品盆栽不同，它是人们经过独立思考、花费时间、并付出亲手劳动制作而成的，所以一定会希望它好好成长，因此会加信呵护。这无形中增强人们对植物的责任感，增加对生命的热爱。

六、空间布局规划策略

在规划建筑物内部空间时，设计师要考虑采用何种空间布局的策略。室内设计师可以利用五种不同的策略来组织空间（图 3-4-1 至图 3-4-5）：

（1）线性策略；

（2）网格策略；

（3）径向策略；

（4）集中策略；

（5）集群策略。

线性策略是在一条直线上布置一系列空间，这些空间可能是相同的，也可能是不同的。

当采用网格策略时，所有的空间围绕一个网格形式的线网来组织（通常放在 x、y 轴上），可以用于二维（平面图）策略或三维（立体图）策略。在三维空间排列中包括 x、y 和 z 轴，这种方法通常会涉及许多大小相同的直线空间的布置，所有单独空间的大小都与组织网格的大小有关（例如，可以合并两个或三个单元为一个空间）。

当许多空间从原点向外拉伸时，就是一种径向策略。径向空间可以与原点空间形成对称或不对称的关系，并且它们既可以相同也可以不同。

当单个空间占据配置的中心并且有许多其他空间围绕它时，就是所谓的集中策略，其周围的空间可以全部相同或者完全不同。

集群策略指的是许多相同或不同的空间可以一种非正式的方式组合。在此，单个空间的大小和形状可能会有所不同，它们可以通过空间重叠的不对称配置进行组织。

事实上，大多数室内设计问题都过于复杂，一种空间策略常常无法满足设计的需求，成功的规划方案可能需要采用上述所有策略。

图 3-4-1　线性策略

图 3-4-2　网格策略

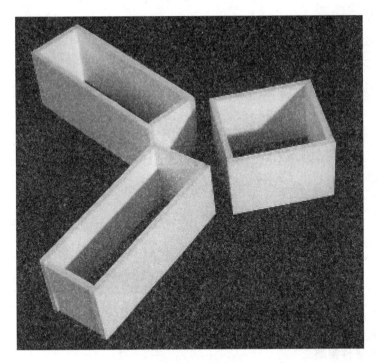

图 3-4-3　径向策略

图 3-4-4　集中策略

图 3-4-5　集群策略

（一）线性策略

线性排列可以说是空间布局最直接的方法。这个方法适用于需要清晰、简单和易于导航的情况，还可能与经济有关。线性策略可以在资源有限时提供有效的解决方案（可能涉及空间、预算或两者兼有）。通常采用线性策略的室内类型包括单元式办公环境、购物中心、教育大楼、酒店居住区，甚至是运输工具内部，如火车车厢和客运飞机。

尽管线性关系体现的是位于一条直线上的多个空间，但也有特别的情况，如可以将多个空间以圆形的线性顺序放置。室内空间到底采用何种形式的策略主要受到所处建筑的限制。

（二）网格策略

建筑师经常采用网格策略来设计办公建筑，这是一种有效利用主体结构的方式。与线性策略一样，网格策略非常高效，可以相对轻松地创建功能空间。

在当今世界中，网格被认为不够人性化。实际上，网格组织通常是在适当的秩序和控制感的情况下实施的，经常在非常严肃正式的工作场所，如呼叫中心、工厂或监狱。在图书馆或超市，网格策略可以为室内用户提供导航和访问所需的大量材料，以网格布局作为坐标，使用户能够快速、轻松地到达精确位置。网格策略也可以用来与现有建筑物的纹理相抗衡，可以使用建筑物现有网格的尺寸来衍生用于定义新内部空间的网格尺寸，然后以相反的方向放置此新网格，以便在现有建筑物和新的室内空间之间建立对话。在现有空间中引入一个完全异形的网格，在其中排列新的室内元素，再次提供了一个探索空间对比潜力的机会。

（三）径向策略

有许多建筑方案无法利用径向策略，但有些情况下，径向策略是唯一可能有效的解决方案。

一个径向规划解决方案可以有两个以上的"辐射条"，使其从最初的公共空间开始依次向外排列。每个分支空间可以完全相同，并且配备完全相同的设施（如在机场，从登机区的候机室辐射出一系列登机口），或者每个分支空间的大小、形式和功能均不同（如在学校中，图书馆、食堂、体育设施和教室位于不同的方向）。

初始公共空间可以充当"枢纽"，为从中心辐射出的各个辐射条的活动提供关键支持，如在旅馆中，客房可位于辐射条之中，而接待处则位于中心空间。

了解这种规划类型的制约因素和可能带来的机会是有意义的，今后，当设计师面对一处按径向策略组织的场地时，将知道如何利用这种情形。

（四）集中策略

尽管径向策略与集中策略有一些相似之处，但两者之间却存在着根本差异。径向策略是外向的解决方案，其中建筑物从原点的中心向多个方向外延。集中策略是内向的安排，围绕中心空间组织较小空间的集合，其中心空间是主导空间。

集中策略的中心空间通常采用几何形状，如正方形、圆形或八边形，虽然围绕主要中心空间的次要空间可以采用不同的形式，但是为了让用户能够以清晰的顺序理解空间内的活动，较大的中心空间通常被许多相同的次要空间包围，这些次要空间的形式可以相互呼应或形成对比。

集中策略常与文艺复兴时期的意大利教堂联系在一起，如今被应用于需要为多样化活动服务的大型公共空间，如购物中心的美食广场公共用餐区是中心空间，中心空间被次要空间所包围，次要空间安排了各种不同的食品专营店，且每个店都位于相同的从属空间之中。

（五）集群策略

需要表达非正式感觉时，集群策略是一种解决方式。无论安排的空间相同还是不同，这种方法都可以取得成功。当需要相同的空间时，集群策略可以软化这种重复模式带来的严肃感，不同大小和形状的空间可以被安排成轻松的关系，因为这种策略在布局方面没有严格的几何规则需要遵守。当处理不同空间关系（如重叠或相邻空间）时，集群策略可以很好地发挥作用。集群策略的非正式性可以通过加法或减法来对其加以修改，因为它本质上是一个既非完成又非未完成的"开放"的系统。

在规划休闲和接待空间（如餐厅、酒吧）的空间布置时，室内设计师通常会采用集群策略来创建一个轻松的环境。在某些零售环境中（如百货大楼）可以通过这种方法将顾客吸引到不同的区域。博物馆和展厅设计师采用集群策略来引导访客观看展示。由于集群策略鼓励人与人之间的互动，因此常作为一些创造性的工作场所的空间策略。

第五节　室内环境照明设计

一、人工照明

人工照明指的是利用各种能够发光的工具，将人们与周围环境的需求结合在一起，创造出能够满足双方条件的人为照明效果。人工照明就是在空间中安装不同样式与种类的吊灯或者灯带，通过电的方式保障空间的明亮。人工照明的优点在于，可以通过个人的喜好来安装不同颜色以及样式的灯，在组合中既具有很好的装饰效果，又可以营造视觉氛围。

特点：

（1）具有可调节性；

（2）不受外界环境影响；

（3）灯光稳定且易于控制。

（一）住宅空间照明

住宅空间是人们日常生活、居住与活动的主要场所之一。现如今，随着经济水平的不断发展与生活方式和理念的不断改变，人们对于居住环境的要求也越来越高。其中，对于灯光照明效果的要求也同样越来越严格。

在为住宅空间选择照明元素之前，首先要对整体空间的设计理念和风格进行准确定位，然后将光照效果进行合理的规划与分布，在设计的过程中需要注意，对于灯光照明元素的种类、风格、尺寸以及其他因素，进行明确的系统性的选择。

色彩调性：精致、简约、优雅、古典、明亮、极简、活跃、舒畅。

常用搭配色：

（1）橙色是十分引人注目的色彩，深受人们喜爱，搭配无彩色的黑色，增强了稳定性。

（2）明度偏低的青色，具有古典、优雅的色彩特征，搭配亮灰色可以提高视觉亮度。

（3）纯度偏低的红色搭配棕色，给人素雅、大方的视觉感受，凸显了住户的独特品位。

（4）青灰色是一种素净但又有些许压抑的色彩，搭配浅橙色具有一定中和效果。

（二）办公空间照明

办公空间是一个较为复杂的空间集合体，是能够满足员工办公、沟通、思考、开会等工作需要的空间环境。为了营造出合理且满足工作需要的照明环境，要根据不同空间的属性进行区别设计。在设计的过程中要充分满足照明效果在空间中的实用性、功能性、美观性与舒适性要求。

色彩调性：简约、精致、活跃、古典、明亮、宽敞、个性、积极、时尚。

常用搭配色：

（1）蓝色搭配深灰色，以适中的明度给人理性、稳重的印象，深受人们喜爱。

（2）纯度偏低的红色具有优雅、古典的色彩特征搭配亮黄色增添了些许的活跃感。

（3）青色是一种较为理性、稳重的色彩，搭配棕色在对比中给人素雅的印象。

（4）绿色是一种充满生机与活力的色彩，在同类色的搭配中十分统一、和谐。

（三）商业空间照明

照明设备在商业空间中有着十分重要的作用，通过光和色彩的综合性处理，在对空间进行基础照亮的同时，提升视觉美感，对消费者进行视觉上的刺激，以求达到商品利益最大化。按照明的功能大致可将商业空间的照明分为基础照明、重点照明和装饰性照明三大类。

色彩调性：鲜明、优雅、柔和、醒目、时尚、简约、专业、成熟。

（1）明度偏高的黄色极具视觉冲击力，搭配灰色具有一定的中和效果。

（2）纯度偏低的绿色具有素雅精致的色彩特征，搭配蓝色增添了些许的活跃感。

（3）高明度的红色具有鲜艳、热情的色彩特征搭配黑色增强了视觉稳定性。

（4）橙色搭配浅灰色，以适中的明度在对比中中和了橙色的跳跃感，增添了成熟感。

（四）展示陈列照明

照明效果在展览空间中，有着举足轻重的作用。在对空间进行基础的照亮后，还需要照明设备的合理化安排，将展示元素以更好的状态呈现在受众的眼前，并可以通过不同风格的光照效果与空间和展示元素的整体风格形成呼应，加深空间气氛的渲染，使空间的风格更加明确，以达到直击受众内心的展示效果。

由此可见，照明设备与展览空间的作用不仅是为了使空间更加明亮，更有着识别物体，营造氛围、突出展示元素等重要作用。

色彩调性：梦幻、优雅、通透、鲜明、时尚个性、生机活跃、积极。

常用色彩搭配：

（1）深绿色具有古典、优雅的色彩特征，搭配深灰色让这种氛围更加浓厚。

（2）纯度偏高的橙色具有柔和的色彩特征，搭配深青色增添了些许的稳重感。

（3）粉红色搭配橄榄绿，以适中的明度在颜色的鲜明对比下显得十分引人注目。

（4）明度偏高的橙色给人活跃积极的印象，在同类色的对比中极具统一和谐感。

二、自然光照明

自然光作为一种十分重要的自然元素，在环境艺术设计中有着至关重要的作用，随着能源的使用和消耗、人们节约与环保意识的逐渐增强，采用自然光的照明方式已经逐渐成为一种健康绿色的照明方式。

色彩调性：极简、时尚、通透、鲜明、柔和、精致、古朴、明亮。

常用色彩搭配：

（1）枯叶绿具有优雅、朴素的色彩特征，搭配深灰色增添了些许的稳重感。

（2）棕色由于饱和度偏低，具有低调的色彩特征，搭配红色增强了视觉冲击力。

（3）明度适中的灰色给人优雅的感受，搭配墨绿色让这种氛围更加浓厚。

（4）黄色搭配蓝色，以适中的明度和纯度在冷暖色调对比中给人充满生机、活跃的印象。

三、自然光与人工照明结合

采光是环境艺术设计基础的自然选择条件，然而单单是自然光的应用不能完全满足室内照明的需求，因此，人们就会首先着重考虑人工照明方式，将两种照明方式进行巧妙地结合与利用，能够大大提升室内环境的实用性和美观性。

色彩调性：优雅、古典、端庄、清新、柔和、个性、时尚、宽敞。

常用色彩搭配：

（1）棕色是一种比较稳重的颜色，在同类色的搭配中极具视觉和谐感。

（2）纯度适中的粉色少了红色的艳丽，却多了些温柔，搭配黑色增强了视觉稳定性。

（3）墨绿色具有复古、优雅的色彩特征，搭配亮灰色适当提高了整体的亮度。

（4）深蓝色具有理性、浪漫的色彩特征，搭配橙色在冷暖色调对比中十分醒目。

第四章　室外环境艺术设计思维与方法

本章为室外环境艺术设计思维与方法，共三节。第一节为室外环境设计元素，第二节为室外环境空间设计，第三节为室外环境照明设计。通过本章，读者可以对环境艺术设计中的室外设计有大概了解。

第一节　室外环境设计元素

一、植物

（一）植物配置的基本原则

1. 因地制宜

各种不同的绿化地点，有不同的地形、气候、土壤条件，而不同的植物又有其不同的环境要求。植物配置时就是要使二者相统一，在生物特性和艺术效果上都能做到因地制宜，各得其所，以建立相对稳定的植物群落，充分发挥园林植物改善和保护环境的功能。

2. 因时制宜

植物和其他园林组景不同，它是有生命的，随着时间的推移，它的色彩、形态会不断发生变化。树木配置中的因时制宜，就是根据树木年龄、季节、气候等变化，预先做出安排，及时采取措施，以便创造良好的景观。

3. 因景制宜

绿化中的建筑、雕塑、山石，或是树木所处的周围建筑、环境，均需有恰当的植物与之相衬掩映，才能减少人工做作之气，达到生趣盎然的效果。在植物配置中，常常强调"景随境出"，即在种植设计之前，首先要确定园林的性质、功能，从整体出发，先抓植物的整体风格，再考虑局部的造景点缀。

（二）植物配置方法

配置方式，就是搭配植物的样式，一般有规则式和自然式两大类。前者整齐、严谨、有一定的种植株行距，且按固定的方式排列，而后者自然、灵活、参差有致，没有一定的株行距和排列方式。

1. 孤植

孤植树不论其功能是庇荫与观赏相结合，或者主要为观赏，都要求有突出的个体美，可以是1株或2—3株同种树木紧密种在一起。

中心植是孤植的特殊方式，即将树木种在广场、花坛的中心等，成为主景。

孤植一般要求种植地点要开阔，不仅保证有足够的生长空间，还要有较合适的观赏距离和观赏点，尽可能与天空、水面、草地、树木等色彩单纯而又有一定对比变化的背景加以衬托，以突出孤植树在形体、姿态、色彩等方面的特色，并丰富天际线的变化。

孤植树要求体形巨大，树冠轮廓富于变化，树姿优美，开花繁茂，香味浓郁，叶色季相变化丰富等（图4-1-1）。

图4-1-1　孤植

2. 对植

两株或两丛树按照一定的方式配置使其对称或均衡，称为对植。有对称种植和非对称种植两种。

对称种植，即树种相同，体量大小相称，与对称轴线垂直地种植于轴线两侧。在规划种植构图中常用，如公园、建筑物出入口。街道行道树是对植的延续和发展（图4-1-2）。

非对称种植，要求树种统一，体形大小和姿态各异，与中轴线的垂直距，左右均衡互相对应，形成的景观生动活泼，多用于自然式园林的进出口两侧、建筑物两旁（图4-1-3）。

图4-1-2　对称种植

图4-1-3　非对称种植

3. 丛植和群植

乔灌木结合的丛植和群植在自然式布局中应用比较广泛，也是应用植物配置构景效果的主要类型，它与单一的树种丛植的不同点在于发挥多种植物材料在形体、姿态、色彩等多方面美的素质，通过和谐、对比、变化、统一等构景原则，有机结合，体现树木群落的整体美。在景相和季相变化上比较丰富。

这种种植方式要求树种简洁，相伴莫逆。每个树丛（群）要具有各自的特色，同时注意树木之间的相互关系。注重体量上相称、形态上协调、性格上契合、习性上融洽。

在丛植和群植中应用的植株在树种上应有主次之分。各植株应在平面上疏密有致，在立面上错落得宜，常绿树与落叶树搭配，要注意平、立面关系，做到相互参差错落，防止立面景观出现呆板的效果，讲究植物色彩的搭配（图 4-1-4）。

图 4-1-4　丛植和群植

4. 林植

林植是由单一或多种树木在较大范围内种植成林的方式（图 4-1-5）。城市近郊或远郊的风景游览区，往往是利用原有森林的自然景色、名胜古迹和其他风景资源，增设必要的休息、游览设施而形成的。一般城市公园和环境绿化因限于用地，只能通过林植构成一般树林和林带。

在工作、生活、学习环境中运用林植，主要是形成环境绿化的基础，用多量的树木在较大范围内建立总体的绿貌，或为了防护某种特定功能，集中成片、成带地构成树林，因此一般不强调单株配置上的艺术性。

图 4-1-5　林植

5. 附植

应用乔木和藤本、花卉、草类依附于建筑或构筑物上，增进立面和顶面的绿视率和美化效果，并在一定程度上为人们提供半室外的休息环境，称为附植（图 4-1-6）。附植有两类，一类是种植物的根部种植于地面，而冠部依附于建筑或构筑物上，另一类是整个植株依附于建筑或构筑物上，如攀缘绿化就是用藤本植物攀附于建筑墙面，可以缓和阳光对建筑的直射，降低表面温度，从而调节室内气温，同时减少墙面对噪声的反射，并在一定程度上吸附烟尘，改变造型呆板、质地粗陋、色彩深暗的建筑形象。

此外庭院中也可设置棚架、绿廊，供绿色植物攀爬，以姿点缀。

图 4-1-6　附植

二、建筑小品

建筑小品是指建造在户外环境地段内供人们游憩或观赏用的建筑物，常见的有亭、榭、廊、台等建筑物。建造这些建筑小品主要起到建筑过渡、弥补建筑的户外功能和造景的作用，并为使用者提供观景的视点和场所。建筑小品的形式有以下几种：

（一）廊

有覆盖的通道称廊（图 4-1-7）。廊的特点狭长而通畅，弯曲而空透，用来联结景区和景点，它是一种既"引"且"观"的建筑。狭长而通畅能使人产生某种期待与寻求的情绪，可达到"引人入胜"的目的，弯曲而空透可观赏到千变万化的景色，因此又可以步移景异。此外，廊柱还具有框景的作用。

图 4-1-7　廊

（二）亭

亭子是户外环境中最常见的建筑物，主要供人休息观景，兼做景点。无论山岭际，路边桥头都可建亭。亭子的形式千变万化，若按平面的形状分，常见的有三角亭（图 4-1-8）、方亭（图 4-1-9）、圆亭（图 4-1-10）、六角亭（图 4-1-11）和八角亭（图 4-1-12）；按屋顶的形式有攒尖亭、歇山亭；按所处位置有桥亭、路亭、井亭、廊亭。总之可以任凭造园者的想象力和创造力，去丰富它的造型，同时为园林增添美景。

图 4-1-8　三角亭

图 4-1-9　方亭

图 4-1-10　圆亭

4-1-11　六角亭

图 4-1-12　八角亭

（三）榭

榭常在水面和花畔建造，借以成景。榭都是小巧玲珑、精致开敞的建筑，室内装饰简洁雅致，近可观鱼或品评花木，远可极目眺望，是游览线中最佳的景点，也是构成景点最动人的建筑形式之一（图 4-1-13）。

图 4-1-13　榭

（四）舫

舫为水边或水中的船形建筑，前后分作三段，前舱较高，中舱略低，后舱建二层楼房，供登高远眺（图4-1-14）。前端有平台与岸相连，模仿登船之跳板。由于舫不能动又称不系舟。舫在水中，使人更接近于水，身临其中，使人有荡漾于水中之感，是园林中供人休息、游赏、饮宴的场所。舫在中国园林艺术的意境创造中具有特殊的意义，众所周知，船是古代江南的主要交通工具，但自庄子说了"无能者无所求，饱食而遨游，泛着不系之舟"之后，舫就成了古代文人隐逸江湖的象征，表示园主隐逸江湖，再不问政治，所以它常是园主人寄托情思的建筑，含有隐居之意。因为古代有相当部分的士人仕途失意，对现实生活不满，常想遁世隐逸，耽乐于山水之间，而他们的逍遥伏游，多半是买舟而往，一日千里，泛舟山水之间，岂不乐哉。所以舫在园林中往往含有隐居之意，但是舫在不同场合也有不同的含意，如苏州狮子林，本是佛寺的后花园，所以其中之舫含有普度众生之意；颐和园之石舫，按唐魏徵之说："水可载舟，亦可覆舟。"由于石舫永覆不了，所以含有江山永固之意。

图4-1-14　舫

三、墙与栅栏

在建筑的外部空间中，以建筑的方式组织或者分割外部空间是常常用到的设计方法，从视觉形象上，以建筑的手段来实现户外空间的组织与分割是整体环境得以延续的较为可行的方法，也是比较容易实现的方法。通常在建筑外部空间中，以这种方法实现的外部空间要素是墙和栅栏，与墙和栅栏相连接的其他一些环境要素有时也一并用这样的方法实现。

墙在外部空间中多以围护、分割的功能出现。封闭式的场地边缘一般使用墙作为隔离。环境中也常见矮墙、片墙等不同的形式，在环境中起到不同的作用，引导视线或者作为装饰等。其高度的设计一般要依照它在环境中起到的作用而论（图 4-1-15）。

栅栏在我们的生产和生活中应用十分广泛，有花园栅栏、公路栅栏、市政栅栏等（图 4-1-16）。目前，在很多城市流行私家别墅和庭院栅栏，多以木制板材为主。由栅栏板、横带板、栅栏柱三部分组成，一般高度在 0.5—2m 之间，造型各异，一般以装饰、简易防护为主要安装目的。

栅栏主要用于公路、高速公路、公路旁边桥梁两侧的防护带，作为护栏网使用；也可以用于机场、港口、码头的安全防护；市政建设中的公园、草坪、动物园、池湖、道路、住宅区的隔离与防护；宾馆、酒店、超市、娱乐场所的防护与装饰产品等。

与建筑空间设计一样，墙和栅栏最重要的作用就是分割空间，建立外部空间的序列，引导人们的行为，增加空间的序列感。其次，墙和栅栏在外部空间中可以作为视觉屏障，遮挡环境中不宜外露的设施、满足环境私密性的需要，以及作为视线屏障来满足景观的构图需要等。

矮墙、片墙和围墙作为一道屏障，在调节局地小气候方面的作用也不容忽视。外部空间中的自然因素如风、阳光等，可以用墙来遮挡，形成局部小环境的宜人小气候。

图 4-1-15 墙

4-1-16 栅栏

四、水体

从人们的生产、生活来看，水是必需品之一；从城市的发展来看，最早的城镇建筑依水系而发展，商业贸易依水系而繁荣，至今水仍是决定一个城市发展的重要因素。在室外环境设计当中，水凭借其特殊的魅力成为非常重要的一个要素。

人们需要利用水来做饭、洗衣服。人们需要水，就像需要空气、阳光、食物和栖身之地一样。

（一）平静的水体

依据水体的特性和形状可分为规则式水池和自然式水池。

（1）规则式水池是指水池边缘轮廓分明，如圆形、方形、三角形和矩形等典型的纯几何图形，或者基本几何形结合而形成的水池（图4-1-17）。在西方的古典园林中，规则式水池居多。

（2）自然式水池。静止水的第二种类型是自然式水池。与规则式水池相比，它的岸线是比较自然的（图4-1-18）。中国传统私家园林的水景基本上是自然式水池。

图4-1-17 规则水池

图4-1-18 自然水池

（二）流水

溪流是指水被限制在坡度较小的渠道中，由于重力作用而形成的流水（图4-1-19）。溪流最好是作为一种动态因素，来表现其运动性、方向性和活泼性。

在进行流水的设计时，应该根据设计的目的，以及与周围环境的关系，来考虑怎样利用水来创造不同的效果。流水的特征，取决于水的流量、河床的大小和坡度以及河底和驳岸的性质。

要形成较湍急的流水，就得改变河床前后的宽窄，加大河床的坡度，或河床用粗糙的材料建造，如卵石或毛石，这些因素阻碍了水流的畅通，使水流撞击或绕流这些障碍，从而形成了湍流、波浪和声响。

图 4-1-19　流水

（三）瀑布

瀑布是流水从高处突然落下而形成的。瀑布的观赏效果比流水更丰富多彩，因而常作为环境布局的视线焦点。瀑布可以分为三类，分别是自由落瀑布、叠落瀑布、滑落瀑布。

（1）自由落瀑布。顾名思义，这种瀑布是不间断地从一个高度落到另一高度（图4-1-20）。其特性取决于水的流量、流速、高差以及瀑布口边的情况。各种不同情况的结合能产生不同的外貌和声响。

在设计自由落瀑布时，要特别研究瀑布的落水边沿，只有这样才能达到所预期的效果，特别是当水量较少的情况下，边沿的不同产生的效果也就不同。完全光滑平整的边沿，瀑布就宛如一匹平滑无皱的透明薄纱，垂落而下。边沿粗糙时水会集中于某些凹点上，使得瀑布产生皱褶。当边沿变得非常粗糙而无规律时，阻碍了水流的连续，便产生了白色的水花。自由落瀑布在设计中例子很多，如赖特设计的流水别墅等。

有一种很有意思的瀑布叫作水墙瀑布。顾名思义是由瀑布形成的墙面。通常用泵将水打上墙体的顶部，而后水沿墙形成连续的帘幕从上往下挂落，这种在垂面上产生的光声效果是十分吸引人的。

图 4-1-20　自由落瀑布

（2）叠落瀑布是在瀑布的高低层中添加一些平面，这些障碍物好像瀑布中的逗号，使瀑布产生短暂的停留和间隔（图 4-1-21）。叠落瀑布产生的声光效果，比一般的瀑布更丰富多变，更引人注目。控制水流量、叠落的高度和承水面，能创造出许多有趣味和丰富多彩的观赏效果。合理的叠落瀑布应模仿自然界溪流中的叠落，显得自然。

图 4-1-21　叠落瀑布

（3）滑落瀑布是指水沿着一斜坡流下（图 4-1-22）。这种瀑布类似于流水，其差别在于较少的水滚动在较陡的斜坡上。对于少量的水从斜坡上流下，其观赏效果在于阳光照在其表面上显示出的湿润和光的闪耀，水量过大其情况就不同了。斜坡表面所使用的材料影响着瀑布的表面。在瀑布斜坡的底部由于瀑布的冲击而会产生涡流或水花。滑落瀑布与自由落瀑布和叠落瀑布相比趋向于平静和缓。

图 4-1-22　滑落瀑布

（四）喷泉

在室外设计中，水的第四种类型是喷泉。喷泉是利用压力，使水从喷嘴喷向空中，经过对喷嘴的处理，可以形成各种造型，还可以湿润周围空气，减少尘埃，降低气温。喷泉的细小水珠同空气分子撞击，能产生大量的负氧离子。因此喷泉有益于改善城市面貌，提高环境质量。

喷泉大体上可分为以下几类：普通装饰型喷泉（图4-1-23）、与雕塑结合的喷泉（图4-1-24）、水雕塑（图4-1-25）、自控喷泉（图4-1-26）。

图4-1-23　普通喷泉

图4-1-24　与雕塑结合喷泉

图 4-1-25 水雕塑

图 4-1-26 自控喷泉

五、地面铺装

建筑外部空间中的地面承载着植物、水面、各种环境设施以及人的活动地面铺装就是指植物、水面、设施之外的，由于人的活动而需要对地面进行的表面处理。

（一）铺装材料的功能

与其他环境要素一样，地面的铺装也有很多实用的功能和审美的作用，它们或单独显现功能和审美，或与其他的环境要素一起在环境中发挥作用。在设计时，铺装的形式、材料等都是要与周边的要素结合考虑的。

首先一点，铺装可以区分不同的场地功能，在同一个外部空间中，地面材料和铺装形式的不同往往代表着地面上承载的人的不同活动，选用的铺装材料从质地和色彩上就可以暗示人们运动、休息，不同使用情况，只需变换铺装的方式或者铺装材料，就会有不同作用，用铺装来表示外部空间中的地面即可达到目的。在我们的生活空间中，常会用不同的材料提示人们使用情况的变化，最典型的就是人行道、斑马线以及盲道等，与周边不同，它提示人们空间功能的不同。

铺装最主要的目的是保护地面，提高使用性能，一般在外部空间中，需要铺装处理的地方，是人群活动最为频繁的地方，铺装具有保护地面不直接破损的作用，和种植草坪的地面相比，铺装材料更能承受长久和大量的践踏。车辆经过或者停放的地方，更需要铺装来提高地面的承压能力，并且在雨雪天气可以依然保持原有的硬度和整洁。

铺装材料的使用，除了场地以外还有路面部分，外部空间中道路路径的设计可以是捷径型的，也可以是趣味型的，当道路的路径较多时，就是广场型的了。道路上的铺装设计对使用者具有引导作用，而铺装材料的组织方式和道路的设计则可以暗示人们行进的节奏和速度。平缓的曲线形暗示一种悠闲的田园般的感受；直线则强调了两点之间强烈的逻辑关系；不规则的转折，就会给人以紧张不确定的感觉等，这些在设计实践中都是以图形关系来实现的。因此在铺装设计中，对图形的运用可以是多样的，在场地中可以起到调节空间节奏和气氛的作用。

正如运用铺装的图形来调节人的节奏一样，在场地的铺装设计上，也可以利用铺装来形成空间的视觉中心，构成空间的个性。地面的铺装有一定的构图作用，和建筑物的尺度也可以是十分配合的，在建筑物的周边选择与建筑物协调的材料和尺度来处理地面空间，会有一种浑然天成的整体感，地面上的其他环境要素也可以用同样的配合方式与铺装予以协调。场地的中心，或以向心的图案暗示空间的聚合性，或以统一的简介来暗示空间的包容与接纳。近年来，在城市广场和道路的铺装设计上出现了突出地方文化的主题要素，在铺装材料中组合带有地方特色的文字或者图案，以求全方位的传达文化信息，其空间的趣味性和空间的个性也就直接地表达出来了。

在铺装设计时还可以根据使用人群的特点来表现铺装的趣味性，如儿童使用的空间，其铺装的图案和色彩可以是儿童喜爱的动物或者儿童游戏中某种特定的场地等，选用的铺装材料可以是柔软的、有弹性的，从安全的角度最大限度地满足使用者的要求。

铺装材料的选择和铺装图案的大小可能影响空间的比例。每一块铺装材料的大小、之间的间隔等都会带给人们不同的感觉，如开敞、空旷和紧凑。同一个场地上使用多种铺装材料时，也会因材料的色彩和质感影响空间的尺度和比例关系。过于复杂的组合，可能将原本尺度较大的空间做出细碎的、压缩的感觉，而色彩单一的，质地没有过大差异的铺装设计，也可以使小空间有扩大的感觉。

（二）地面铺装的设计原则

铺装设计的最大目的是为了满足人们的使用，当然也就确定了铺装设计的最大原则就是必须实用。铺装设计可以运用的造型因素较多，可以充分发挥设计者的想象力，除了铺装设计的实用性原则以外，在铺装设计中还有一些原则是必须遵守的。

首先在设计铺装的时候必须满足整体统一的原则，和其他任何一种设计因素一样，过多地使用变换的手法和烦琐复杂的装饰图案，极易造成视觉上的杂乱无章。因此，在铺装设计中，即便是要考虑特殊地段的突出功能，也应首先从整体的角度遵循统一的原则。铺装材料选择和图案设计应该与其他的环境要素整体设计相协调，以便确保铺装地面无论是视觉上还是功能上都被统一在整体设计之中。

其次是突出主题的原则，乍一看，这似乎和整体统一的原则是有冲突的，但是，这里所讲的突出，是指在几乎所有的设计上都会有一种事物是空间中占主导地位的，铺装也是如此。在设计中，占主导地位的场地所使用的的铺装一定要暗示场地的地位，所用的铺装材料、铺装方式等可以与周边在整体协调的要求之下突出主题。

最后是协调与配合的原则，这对不同的铺装材料和图案的衔接和过渡有着较高的要求。当两种材料或者铺装方式相邻而设的时候，过渡应尽可能协调，可用第三种材料作为中间的过渡媒介，也可将两种材料或者铺装方式之间的过渡安排在台阶处，用高差来完成转换。建筑物外的场地铺装应与建筑轮廓线相呼应，达到建筑尺度与铺装设计的完美结合。两种不同的图案之间，在相邻时要注意图案大小的对接，尽量避免突兀的图案硬衔接。

（三）地面铺装的材料

地面铺装所使用的材料一般分为天然铺装材料和人工铺装材料。

天然铺装材料是指天然形成的石材、木材、砾石等。在使用天然铺装材料时，又会分为自然状态和加工状态两种情况。天然材料在完全自然的状态下直接用于地面铺装的有石块、卵石、砾石等，它们质地较为粗糙，适合自然古朴的环境氛围。颗粒较小的卵石或者砾石作为铺装材料使用时一般不使用黏合材料，直接将卵石或砾石铺在场地上，这种做法有一个显而易见的好处就是它的透水性。正是这一特点，使得地面上的水可以很容易地渗入地下，从生态学的角度来看，有助于补充地下水和为植物生长提供水分，但从使用的角度来看，砾石或小卵石铺地因其材料之间的松软和粗糙，给行走带来了一定的难度，选择这类材料时一定要仔细注意它的使用地点。

石材在使用时可以是石块、石条、石片等不同的形状，它们的形状自然而无规则，铺装在地面上的自然材料古朴粗糙，拼合而成的地面肌理视觉效果非常容易与建筑环境形成对比。加工石在使用时则更多的与人工材料相似，加工石可以根据要求做成规则的，表面光滑的，大小统一的材料，铺装方式以及铺装后的视觉效果都与人工的砖石材料相同。

木质材料用于地面铺装会产生由材料本身带来的柔和感，木质材料易于加工成设计所需的尺寸，所以铺装设计可以利用这一特点，但木质材料作为铺装材料使用时，有非常具体的要求。首先，所选铺装的木材必须达到一定的硬度、耐磨、耐雨雪风沙。其次，它们要经过防腐处理，才能作为铺装材料来使用。木质铺装的使用场所一般是有亲切感要求的场地。

人工铺装材料则是指通过一定的制造得到的材料，常见的有各类广场砖，预制的各种铺地块材，现场制作的各类铺地材料，橡塑地板材料等。人工铺装材料与天然材料最大的不同是它的形状和色彩是可以完全人工控制的。正是这一特点，使得人工材料具有丰富的面貌，在设计中被广泛运用。

人工铺装材料由于其形状是完全可控的，在铺装时选用材料应根据需要铺装的场地而定。长方形的材料可以用于方形地面上，拼合的方式决定着地面的图案，用于圆形地面时，则是依靠调节灰缝来实现的。扇形的广场砖拼合的图案适合于大面积的场地，成组的团可以延续铺开。其他形状的材料在图案的组合上也都有各自的特点，如六角形的材料会出现蜂窝状的图案；楔形花砖在铺装时边缘形状之间的咬合又会使地面出现特有的线性；植草砖则将绿化结合在了铺装上。

人工材料除了形状以外，还有色彩的变化，广场砖的表面可以做成根据设计所需要的颜色，在完成拼合图案的方面是其他材料无法比拟的。现场施工的人工材料，如水泥、水磨石等，也都是形状、图案可控的。不同的是现场施工的材料要根据材料的性能设置分割缝，一是因为材料面积过大，在使用时会造成开裂；二是过于大的材料表面会有单一、没有尺度感的效果，以分隔缝来控制空间的尺度感比例，是一个简单易行的办法。

不管是人工的还是天然的，作为铺装材料用于场地，很多时候是一种混搭的使用方法。材料的使用性能和加工性能是设计者选择的依据，铺装的视觉效果是环境整体风格和形象的一个重要的组成部分，选择什么样的材料是根据整体的设计来决定的，应该服从环境整体的需要。

第二节　室外环境空间设计

从客观意义上来说，空间的概念是无限的，只有在对其进行某种"界定"时，"空间"才具有实用的价值。室外空间环境是从自然中由框框所划定的空间，与无限伸展的自然是不同的。

一、室外空间的类型

空间的性质是在开始外部空间设计时所应首先确定的问题。确定了空间的性质，才能去构思平面布局。平面布局是对相应空间所要求的用途进行分析，然后在方位上确定相应的领域。

空间的性质首先可以分为两种，一种是车辆可以驶入的区域，另一种是只供人活动的领域。由此，可以总结出在机动车道路和人活动的区域之间，最好能设置一两级台阶相隔的方法，用这种方法来分隔空间，比树立标志分隔空间要好得多，在小水面、踏步、矮墙围隔的空间内，人们可以自由地活动，不必担心机动车的干扰。这种为人提供的活动空间，是外部空间设计的重点。

因此，室外空间环境可以根据其构成特征，分为不同的类型：

（1）从活动方式上分为运动空间、停滞空间；

（2）从空透程度上分为开放空间、封闭空间；

（3）从心理感受上分为流动空间、静止空间。

二、室外空间的层次

步移景异是中国园林的造园手法。景物随着人的移动时隐时现，空间在这种变化中产生情趣，在中国园林中已司空见惯。常用的手法是利用地面的高差，配置合适的树木，在相当于人视线高度的墙壁上，设置一些漏明窗，在人前进的道路上不断设置门洞、弯道等。这种布景方法，使人的注意力不断分散在左右两侧，让景色一闪而现，一度又看不到了，然后又豁然出现，就像小说情节中的伏笔一样，产生悬念，吸引人不断前进。

外部空间设计中，西方技法与中国技法最大的区别之处在于，西方空间给人提供一个可以观看全貌的环境，而中国空间则是把景点分割成无数个小元素，有控制地一点一点给人看到。现在许多空间都是集东西方的特点为一体，在一个开敞的大环境中，创造一些弯弯曲曲的道路。道路的铺石配置，就像是一曲写在地面上的乐谱。简而言之，一个外部空间，如果一开始就能让人看到全貌，往往给人留下深刻的印象，而一开始不让人看到全貌，有节制地控制景点，能使人心存期待。所以，现代空间设计常用中西方并用的手法，一方面给人留下深刻的印象，一方面创造充实丰富的空间。

另外在外部空间设计考虑序列空间时，还要注意空间层次的处理。空间是由单一、两个或多数复合等多种形式构成的。考虑空间的顺序，往往是先从用途和功能方面构思的。因此空间领域的排列秩序有以下几种形式：

（1）外部的→半外部的（或半内部的）→内部的；

（2）公共的→半公共的（或半私用的）→私用的；

（3）多数集合的→中数集合的→少数集合的；

（4）嘈杂的、娱乐的→中间性的→宁静的、艺术的；

（5）动的、体育性的→中间性的→静的、文化的。

即使在同一外部空间中，由于用途不同，也可考虑空间的顺序，如果有两个以上的外部空间连续在一起，自然就各自产生了空间的顺序。在外部空间设计时，如果能细致地考虑空间，赋予各个空间功能，那么外部空间环境就能给人提供一种温馨实用的场所。

三、室外环境设计的形式美法则

（一）比例与尺度

尺度在环境艺术的设计中具有重要的作用，它在美学中的内涵是比例与和谐，与其他艺术相比较，在环境艺术的语言特征中更凸显尺度这一元素。长、宽、高的体量比例和谐是建筑创作的关键，空间的尺度适宜促使人心理和行为的和谐，是优秀园林设计方案的核心要素。能否控制尺度在数与量方面的比例成功决定了设计师的专业能力。

比例和尺度这两个看似相同的概念，仍然存在不同点。比例主要研究个体，而尺度主要研究物与物之间的比例关系。比例是以物体内部形态为主要研究内容，而尺度是以人们对建筑物的整体布局的印象大小与实际大小的关系为研究内容。

人们在美学研究过程中大力研究比例和尺度。古希腊的毕达哥拉斯学派运用"黄金分割"学说来研究世界的比例原理，建筑的比例问题通过几何分析法来研究，"模数"概念是把比例和人体尺度相统一。

从前人的经验中，看到他们非常重视对审美经验的积累与总结。在审美中有意识地培养对比例、尺度的敏感与细腻能力，是环境艺术设计师很重要的艺术修养必修课。

1. 比例

平常我们所讲的比例反映的是建筑物在长、宽、高上的相互约束关系，包括整体与局部之间、局部与局部之间。比较经典的是黄金分割，如法国巴黎圣母院的正面高宽之比与每扇窗户的长宽之比是一致的，都是 8 ： 5（图 4-2-1）。

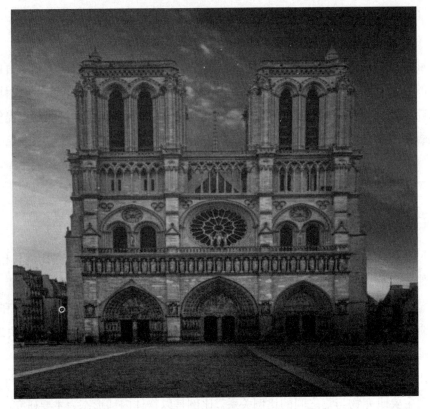

图 4-2-1　巴黎圣母院

2. 尺度

通常把不同建筑物之间的物理距离或者不同人与物体之间的直线距离称作尺度，换句话来讲，尺度是作为衡量不同建筑之间远近以及大小关系的依据。同时，当不同建筑物或者物体在体积或面积上具有同比例的关系时，它们所表现出的尺度关系会存在一定的差距。

根据这一特性，设计师们针对建筑性格和体形大小等因素，通常会设计出自然、亲切与夸张三种不同尺度，来分别处理不同的建筑立面。

（1）自然尺度

自然尺度是最常见的尺度，其建筑体量门、窗、门厅和阳台等各构（部）件均按正常使用的标准而确定。大量民用建筑中的住宅、中小学校、旅馆等建筑常运用自然尺度的处理形式（图 4-2-2）。

图 4-2-2　普通民宅

（2）亲切尺度

在自然尺度的基础上，保证正常使用的前提下，将某些建筑的体量或各构（部）件的尺寸特意缩小一些，以体现一种小巧和亲切的效果。中国古典园林，特别是江南园林建筑常运用这一手法，以强调江南私家园林建筑固有的小巧玲珑和秀气的特质（图 4-2-3）。

图 4-2-3　拙政园一角

（3）夸张尺度

与亲切尺度相反，夸张尺度是将建筑整体体量或局部的构部件尺寸有意识地放大，以追求一种高大、宏伟的效果。

夸张尺度主要运用于国家、地方级政府办公大楼，如作为权力象征的公安、法庭建筑，国民财力象征的金融银行建筑以及一些规模较大的车站、交通建筑等（图4-2-4）。

图4-2-4 中央电视台大楼

（二）均衡与稳定

意识和审美观念由存在决定。地球内部所有物体都受重力作用，均衡与稳定审美观念的形成就是人类与重力斗争的产物，具体来说，人类的建筑活动就是与重力斗争的体现，如希腊巴特农神殿、罗马的科洛西姆大斗兽场那样的多层建筑以及中世纪极其轻巧的高直式教堂建筑等，都是对重力的探索案例。因为对重力的惯性思维，一些设计师运用新技术来挑战程式化的套路，从而产生新的稳定感的表现。

均衡与稳定是辩证统一的关系。均衡是在绘制建筑物图稿时，处理好每个要素前后左右之间轻重关系的过程，而稳定则是上下要素轻重关系的妥善处理。均衡由静态和动态两方面构成。

　　静态均衡又分为对称和非对称两种形式。对称形式的本质就是均衡，人类早期就将对称的制约性、完整性、统一性的特点应用于建造建筑物的实践中。对称有三种类型，分别是平面对称、中心对称和轴对称。自然界中的大部分物体都体现在这三种类型之中，如植物的叶子、动物和人。世界上，有的物体内部在对称点基础上，还存在相同或者相似因素的绝对平衡，这是对称的一种特殊形式，被称为"对等"。对称的物体能够吸引人们的目光，满足人们的审美幸福感，增加人们对事物本身的印象，如埃及胡夫金字塔、中国古代皇家建筑群及其内部雕刻、图案等装饰都采用对称、均衡的布局，给人以庄重、严肃、宏伟的艺术效果。故宫就是对称、均衡的布局（图 4-2-5）。

图 4-2-5　故宫

　　人类对美的探索并不止步于均衡的对称，还通过不对称来达到均衡的目的。不对称均衡的本质也是要素之间相互均衡的制约关系，虽然这种制约关系不容易被发现，也没有均衡对称的严格，但是更具灵活性。

　　我们生活中的行走、跑步、骑自行车，演员的翩翩起舞，这都是动态均衡，与上文的静态均衡相对。动态均衡的基本前提是物体处于运动状态，当运动被终止，则这种平衡关系就会被破坏。现代建筑师更青睐于动态均衡，而静态均衡是古代建筑师们解决问题的重要手段。

　　在古代的日常生活中，人类对重力就有了敬畏之情，在对重力的不断研究和探索过程中形成了均衡和稳定的审美观念。人们发现自然界中很多事物受重力影响而呈现一定的规律，如有的事物是上细下粗的关系，树的树干很粗、树根很发达而树枝却很细，并且离树根越远的地方树枝越细，或人的形象左右对称等。实践证明，凡是符合这一原则的造型，不仅在构造上坚固，而且从视觉的角度来看也是比较舒适的。

均衡体现的是视觉上实物所展现的平衡，有两种形式，其中对称是简单静止的，不对称则相对复杂。对称具有显著的秩序性，给人以平整、安静、庄严的感觉，也是实现统一的普遍方法，但不能过分强调，否则会让人觉得死板、刻意、教条。

对称的构成形式有以下三种情况：

（1）一个图形如果沿着某条直线对折，对折后折痕两边的图形完全重合，这样的图形就是轴对称图形，那条线就是对称轴。这种轴对称形式主要在形体的立面领域应用。

（2）沿着某条折线对折之后重合且旋转 180° 后与原图重合这种方式被称为中心对称。

（3）平面构图和设计普遍应用旋转对称的形式，即物体经过适当旋转后的对称，这种形式是众多国内外建筑实现平衡与稳定的审美追求及严谨工整的环境氛围必不可少的。与对称平衡相比，不对称的平衡构图灵活、自然，构图重心比较稳定，这种设计方法在我国古典园林的建筑、山体和植物的布置中体现得淋漓尽致，而今，随着环境艺术空间功能日趋综合化和复杂化，不对称的均衡法在环境艺术中的运用也更加普遍起来。

（三）对比和相似

各要素之间存在明显的差别就是对比，各要素间存在不明显的差别就是相似，这两者都是形式美必需的。对比能够将主题变得更加明确，更容易表达意图，其方法就是把质或量差别很大的两个要素和谐地同时出现，可让人在感觉统一的同时又感受到强烈的差异性。

对比是通过各要素之间烘托陪衬而产生变化，相似是通过各要素之间的共同点来协调一致。需要注意的是，对比和相似主要限于同一性质之间的差异，如大小、曲直、虚实、质地、色调、形状等，是在环境设计中为在变化中求得统一的常用方法。

对比是指互为衬托的造型要素组合时由于视觉强弱的结果所产生的差异因

素，对比会给人视觉上较强的冲击力，过分强调对比则可能失去相互间的协调，造成彼此孤立的后果。相似则是由造型要素组合之间具有的同类因素。相似会给人以视觉上的统一，但如果没有对比会使人感到单调。

在环境艺术设计中，主要通过不同的量如长短、厚薄等，不同的方向如高低等，不同的形如钝锐等，不同的材料如软硬等和不同的色彩如明暗等来表达的运用，当然还有其他方面，通过各要素在质感、色彩、形体等方面的不同来生成个性化表达的基本，进行较强的对比。当出现较多的相同要素时，主要为相似关系；当出现较多的不同要素时，主要为对比关系。微差的概念存在于相似关系中，在该关系中微小差异会在形体、色彩、质感等多个方面产生，这就是微差。微差数量达到一定程度后，相似关系就会变成对比关系。

在环境设计领域，无论是整体还是局部、单体还是群体、内部空间还是外部空间，要想达到形式的完美统一，不能脱离对比与相似手法的运用（图4-2-6）。

图4-2-6　对比和相似

四、城市广场的设计

城市广场在城市设计与规划中占有极其重要的地位，通过分析城市的发展历程，不难看出，欧洲中世纪的城市，除极少数是经过专家的规划并按蓝图和模型建造外，大多数城市都是由市民自己按活动需要自行建造。经过数百处的发展完善，市民们把文化和生活融入城市空间中，形成了富有人性的街道和广场，而这些街道和广场是构成了城市文化的缩影和居民生活的组成部分。居民在这些广场空间中彼此交往，相互认同，进行各种各样的活动，几乎成了市民生活的一部分。可以说，在人类整个定居的生活历史进程中，街道和广场都是城市的中心和聚会的场所，有着自发性与合理性。

（一）注重文化内涵

广场所处城市的历史、文化特色与价值，是每位设计者都需要考虑的内容。其原因在于，只有注重设计的文化内涵，对不同文化环境的独特差异加以深刻领悟和理解，才能设计出独具特色的时代性广场。

（二）与周边环境相协调

广场的环境应与所在城市以及所处地理位置周边的环境、街道、建筑物等相协调，共同构成城市的活动中心。

（三）与周围交通组织相协调

要保证环境质量不受到外界的干扰，城市广场人流及车流集散、交通组织是必须要考虑到的重要因素。在设计过程中，设计者在城市交通与广场交通组织上应保证城市各区域到广场的方便性，人们参观，浏览交往及休闲娱乐等是广场内部交通组织设计中要重点考虑到的因素，将其与广场的性质相结合，对人流车流进行合理的组织，可以形成良好的内部交通组织。

（四）应有可识别性标志物

为了提高广场的可识别性，设计者往往在其中设有标志物。需要强调的是，可识别性是易辨性和易明性的总和。显然，可识别性要求事物具有独特性。对于城市广场而言，其存在的合理性与特色价值往往通过可识别性体现出来。

（五）应有丰富的广场空间类型和结构层次

在广场的设计过程中，设计者应丰富广场空间的类型和结构层次，利用尺度、围合程度、地面质地等手法，在广场整体中划分出主与从、公共与相对私密等不同的空间领域。

五、城市规划设计

（一）城市规划设计的任务

城市规划设计的任务是根据国家城市发展和建设方针、经济技术政策、国民经济和社会发展长远计划、区域规划，以及城市所在地区的自然条件、历史情况、现状特点和建设条件，布置城市体系；确定城市性质规模和布局；统一规划、合理利用城市土地；综合部署城市经济、文化、基础设施等各项建设，保证城市有序、协调地发展，使城市的发展建设获得良好的经济效益、社会效益和环境效益。

（二）城市规划设计的原则

城市规划设计的原则是正确处理城市与国家、地区及其他城市，城市建设与经济建设的关系。城市建设内部关系等指导思想，在城市规划设计编制过程中，应遵循和坚持安全原则、经济原则、社会原则、美化原则、整合原则。

1. 安全原则

安全是人类最基本的要求之一。城市规划设计应将城市防灾对策纳入城市规划设计的指标体系。城市规划设计应当符合城市防火、防爆、抗震、防洪、防泥石流等要求。在可能发生强烈地震和严重洪水灾害的地区，必须在规划中采取相应的抗震、防洪措施，特别要注意高层建设的防火防风问题等。此外，还要有意识地消除那些便于犯罪的局部环境和防范上的"盲点"。

2. 经济原则

在城市规划设计中经济原则尤为重要。土地是城市的载体，是不可再生资源。城市规划设计要遵循和坚持经济原则，应合理用地、节约用地，科学地确定城市各项建设用地和定额指标，以实现城市的可持续发展。

3. 社会原则

社会原则就是在城市规划设计中树立为全体市民服务的指导思想，贯彻有利于生产、方便生活、促进流通、繁荣经济、促进科学技术和文化教育事业发展的原则。

城市规划设计应注重人与环境的和谐和互动，如引入公园、广场等公共交流空间，使市民充分享受清新的空气、明媚的阳光、葱郁的绿地、现代化的公共设施以及优美舒适的居住环境，这种富有生活情趣和人情味的城市环境设计已成为现代城市规划和建设的标准。

城市规划设计还要大力推广无障碍环境设计，不仅为健康成年人提供方便，而且要为老、弱、病、残、幼着想，在建筑出入口、街道商店、娱乐场所设置无障碍通道，体现社会的高度文明，其意义尤为重要。

4. 美化原则

城市规划设计是一门综合艺术，需要按照美的规律来安排城市的各种物质要素，以构成城市的整体美。

首先，应注意人文景观和自然景观，建筑格调与环境风貌，以及传统与现代的协调，保护好城市中那些有代表性的历史文化设施和名胜古迹，同时也要注意城市的时代精神。

此外，城市规划设计还应通过对建筑布局、密度、层高、空间和造型等方面的干预，体现城市的精神和气质，在避免"城市视觉污染"的同时，满足生态设计的要求。

5. 整合原则

整合原则是指城市规划设计应当使城市的发展规模、各项建设标准与定额指标同国家和地方的经济技术发展水平相适应。要正确处理好城市局部建设和整体以及城市规划近期建设与远期的发展，城市经济发展和环境建设的辩证关系，要坚持从实际出发，正确处理和协调以上关系。

六、城市绿化设计

长期生活在寸土寸金的城市中的市民，对拥有一个开放、人性化、甚至是"袖珍型"的空间都会十分向往和爱惜。每当假期周末、茶余饭后、情人约会、朋友小聚，无不需要一个格调高雅、环境舒适的室外绿色空间与之相伴。随着人们生活质量的不断提升，生活情趣的时尚化和多样化，对户外公共环境的品位要求越来越高。"绿色城市""田园城市""山水城市""风景旅游城市"的建设也便成为现代城市规划设计中的重要环节。

城市绿化主要包括公园绿化、广场绿化、街道绿化、风景区绿化等。公园和风景区绿化是城市绿化的集中区域。植物是城市绿化中的主要元素，它可因季节、气候的不同变化而表现出不同的特点。植物在空间布局中往往会有意想不到的效果，它对气氛的创造有不容易忽视的作用。植物的空间布局大体可分为对称式布局、自由式布局和自然形式布局这三种。

（一）对称式布局

对称式布局的主要目的在于突出几何中心，这里的空间中心多为雕塑、纪念性景物等。对称布局始终是绿化设计的主流。"对称"通常与"美丽"同义，并有形式优雅宜人的含义。这可能是因为对称意味着一种强加给主题且易于为人们理解和欣赏的秩序，也可能是因为对称这个词开始同绿化规划的清晰、平衡、韵律、稳定及统一等正面特性相关。

对称轴可以是一条线或一个平面，如小路、宽阔的林荫道或商场；还可以是强有力的视觉或运动的引导线，就像穿越一系列庄严的拱门或大门，或穿行于间隔而有韵律的成行树木或塔门，或朝向一个高兴趣点的物体或空间运动一样。对称轴由视线或运动线强有力地引导着，它可以穿过一片开放的草地静谧的透景线，其每一侧都是对等平衡的。

对称布局使景观系统化，组织成看似刻板的图案。对于规划结构来说，自然环境则变成了场景或背景。对称布局不仅要求景观特征服从于有组织的规划，人们的活动线路也被限制在布局的线路上，布局形式也控制着人们的视线。绿化布局经过巧妙处理的对称平面形式，可用于渲染某种观念或引发一种纪律、秩序感，从而产生无可挑剔的完美感。

（二）自由式布局

自由式布局是对城市广场空间进行灵活的划分，安排多种植物进行点、线、面的协调组织，从而创造出一个丰富而亲切的空间环境。绿化中选择的每一类植物应符合预期的功能。冠荫式树的布局是一种自由的方式，也是最容易引人注目的，它构成了最显著的街坊特征和标志。它们还可以遮阴蔽阳，柔和灵活地配置调和建筑线条，并起到充当空间屋顶或天花板的作用。

（三）自然式布局

自然式布局是一种运用植物的群植来模拟自然形态的方法。它是以自然为摹本，追求自然形式、写意的空间风格，力求使植物与空间的风格相一致。按照惯例，在绿化种植中应避免规则规矩和几何格局，成行或成格网状的种植，最好用于城市中有限的、需要有公众性或纪念性特征的场合。

绿化设计往往不是单一、独立的，而是与喷泉、水池、雕塑、园景小品、座椅、亭廊、灯饰等其他因素结合在一起，形成一种综合性效果的设计。因此，良好的空间环境设计应多元化地进行，在相互呼应中达到最完美的艺术境界。自然式布局在城市小区绿地规划中是热门话题，常常与综合的景观元素（如建筑小品、喷泉、雕塑、花卉、低矮的灌木丛、乔木、平地、山丘等）密切结合进行仿自然式的布局。

七、室外环境设计实践

以小庭园环境设计为例。小庭园环境景观设计主要指私家院落的设计，或者一幢独栋居住建筑的庭园设计。私家小庭园需要庇护和隐秘，既要培育亲情、接待亲朋好友，又要借助良好的环境培养旺盛精力和陶冶赋予生活乐趣的情操。小庭园面积不会很大，要在有限的空间内展现无限生机，让周围环抱的植物、山水只需少量的管理，却能一年四季为主人带来无限乐趣，这就是小庭园环境景观设计工作的出发点和归宿。

（一）设计原则

1. 统一原则

庭园的任何硬质要素都要与住宅建筑协调，庭园植物要素关键是协调色彩，应考虑与园外植物的协调，同时不同分区中不同植物的相同形状要统一起来。

2. 简单原则

由于庭园面积较小，所以应以简单原则为主，切忌多而杂乱，保持庭园构成要素简单，互相联系起来成为统一而简洁的整体。组织好庭园的构思和要素，要设计清晰、主题明确、色彩平和、材料简洁、铺装统一。

3. 功能原则

形式要服从功能，对庭园环境景观设计而言是至关重要的，一个不能满足园主使用需要的庭园，肯定是很差的庭园。园主对庭园的要求不同，庭园的功能也就不同，如有儿童的家庭要求把庭园作为儿童的活动场地时，在庭园的设计中要首先考虑满足可供儿童游戏的空间和特色。

4. 平衡原则

平衡可以给小庭园创造平和稳定的空间效果，在小庭园中一般采取不对称的平衡方式来进行设计，如一侧设置一个花架，而另一侧可以种植一群小树木来平衡。

5. 比例协调原则

尺度适当对庭园环境景观设计很重要，如庭园中的花架、亭子等构筑物的大小要与庭园的面积相协调，道路的宽度也要考虑庭园的大小，铺装面积和块材要与庭园尺度匹配。

6. 经济原则

设计的过程中应考虑投资，要想到现阶段设计的目标和长期的发展空间，减少施工过程中不必要的浪费和长期使用的维护费用，尽可能地减少业主的经济支出。一些难以生长的苗木不仅会死亡，苗木种植过多，还可能增加长期养护的负担。设计时要考虑增加一些低养护成本的植物，如花墙植物、地被植物、灌木状植物都是低养护植物，此外适当增加一些硬质铺装，也会降低长期维护费用。

7. 趣味性原则

庭园的设计目的就是提供趣味和享受，趣味的确定，在某种程度上依赖观赏者的视觉。没有焦点或使人感兴趣的要素，不管庭园多么平衡，也会显得毫无趣味。在很小的庭园中，格架屏障、仔细布置的景物对某些角落的植物进行屏蔽都可营造神秘感，引起人们探究的欲望，吸引人们去欣赏不同的景点。

（二）实施过程

1. 设计分析

设计过程由全面的设计分析开始，其中包括场地分析和客户需求分析。设计分析对庭园环境景观设计的成功起到了决定性的作用。根据园主确定庭园设计基础，首先确定谁是庭园的主人、职业和业余爱好是什么、需要一个什么样的庭园、对庭园有哪些要求和期望，再和园主沟通中确定庭园的功能及风格。在进行沟通时，采用事先拟好的表格进行记录，不管采取何种方法，必须给客户足够的时间回答，使他们能够提供更详细的相关信息，包括现在和将来的所有计划。需要注意的是，客户提出的所有想法在实际建造中往往会超出原本的预算，此时设计师应该将所有相关材料、植物及后期养护问题阐述清楚，以取得理想与现实预算之间的协调。不管客户的参与愿望是否强烈，设计师既要用专业的水准引导客户科学消费，又要尽可能地给客户提供参与庭园创作的快乐，以减少施工过程中不必要的浪费和长期使用的维护费用，尽可能减少客户的经济支出。

2. 场地分析

场地分析包括对场地特征以及场地存在问题的分析评估。在场地分析中，首先对所有可能影响场地的因素、建筑缓冲带，以及其他相关法律法规所包含的因素核查清楚，然后对场地内的具体要素进行精确测量，并记录其自然特征（气候、盛行风向、地形高程变化、土壤分析），连同场地内可保留及需要屏蔽的优缺点一起记录到表格上。使用具体分析的标准表格，可以条理清晰地反映场地限制，拍摄现场照片有助于在设计时帮助回忆场地特征，并为后期效果图的制作提供背景图像。如果有条件最好在建筑结构完成之前进行场地分析，因为可以充分利用场地中的一些最佳特征，进行庭园的设计和布局，避免许多与建筑、场地相关问题的发生。

3. 空间功能分析和区域道路设计

对于空间区域的划分，可以按照电影场景的创作手法来进行空间序列的设计，使其既有贴近现实的生动感，又有高出生活的唯美画面感。电影场景要有以下元素，分别是任务、故事线索和画面构图。翻译成设计要素就是客户、生活方式和视觉美感，其中的客户、生活方式即前面提到的客户需求分析。设计师应首先根据场地分析和客户需求分析，对整个庭园进行总体的功能分区，千万不要把注意力停留在某些细节问题上（材质、颜色等），所有与有关美感的问题一定要放到后面去考虑。

4. 竖向设计

当设计好空间的总体布局及道路系统后，设计师就可以对不满足设计分析结构的地带进行竖向设计。根据场地分析中的地形信息，确定哪些地方实施土方调整，以达到预想的地形。通过经济合理的挖填方设计，可以有效利用空间进行创造，使场地具有更合理的地表排水，如将坡度很陡的草地修建成平台，增大室外活动空间，挡土墙的设计、室外环境空间的形成等都需要通过土方调整来完成，所以选择经济合理的土方调整方案很重要。

5. 勘测场地和绘制平面图

要了解周边环境，测量出尺寸，然后绘出草图，或按比例绘出初稿，有时不仅要有草图，还可能需要有空间感的效果图。根据设计分析的研究，绘制几种不同的组合方式，以确定最佳的方案。需要注意的是，在划分区域的过程中，尽量使一个空间可以满足多项活动的需求，提高其利用价值。同时，在实际操作时，也要考虑与相邻室外空间的相互影响，即便是有庭园，也要与小区环境空间体系相协调。当图画好后，各区域直接的线条即形成了道路系统的雏形。别墅庭园的道路主要有两种，分别是车行道和步行道。车行道的位置、形状往往在建筑设计时都已经规划好，可调性不多；步行道除了要有主次之分，还应注意使用和美观两方面。道路规划的总体原则是越少越好，设计师应根据空间需求，反复检验道路形成的合理性。

6. 细部设计

当对各区域的大小形状、道路系统、竖向设计有了总体的想法之后，就应该考虑设计的美学因素了。要选择既美观又实用的建筑物，以遮阴或者隔离，选择与建筑及周围环境协调的植物种类，以及能够使庭园装饰小品起到画龙点睛的作用。在这一阶段，不能孤立地将每个单体单独设计，要运用三维绘图软件，先建一个场景草稿，反复推敲场景中各个单体造型相互之间的摆设位置、颜色材料之间的关系，如此定稿的方案才能更接近施工效果，也能及早地发现后期施工中可能遇到的难题。

7. 植物配置

对于许多庭园来说，植物就是庭园，庭园是种植的艺术，植物给庭园带来色彩、情趣和活力。特别是一些小庭园，植物配置的好坏决定设计的成败。一般来讲，庭院里的植物种类不要太多，应以一两种植物作为主景植物，再选一两种植物作为搭配。植物的选择要与庭院整体风格相配，植物的层次要清楚，形式简洁而美观。常绿植物比较适合北方地区。别墅中经常用柔质的植物材料来软化生硬的几何式建筑形体，如基础栽植、墙角种植、墙壁绿化等形式。一般在庭园中需要阴凉，界定庭园空间，在空间过渡和转折处强调空间以及视线开阔的庭园附近，要选干高枝粗、树冠开展的树种，在靠近建筑边界尤其是南向窗边则多选栽一些枝态轻盈、叶小而致密的树种。植物与山石相配，能表现出地势起伏、野趣横生的自然韵味，水体相配则能形成倒影或遮蔽水源，带来深远的感觉。

8. 施工环节

一个创意极佳的庭园项目，如果施工极差是不会成功的。一般庭园施工顺序，应先从场地清理开始，然后进行定点放线，修筑园路、构筑物。下一步是挖掘水池，进行地面铺装，安装园灯，种植植物。最后是清理场地和修建工作。设计师不可能在项目施工前，在图纸上解决所有的问题，图中的某些设计是设计师理想中的"蓬莱仙阁"。在施工过程中才会发现，对于许多细节的处理，空间、地形、植物的关系都需要施工人员再次"设计"。在必要的情况下，还应该根据现场地形，对图纸做一定的修改和加工。

第三节 室外环境照明设计

一、室外照明的色彩搭配

按室外照明的用途将室外照明分为室外景观照明和室外建筑照明。

（一）室外景观照明

随着人们对于艺术和环境氛围的要求逐渐提升，室外景观照明的重要性逐渐引起人们的重视。当代室外景观照明，是以创造出一种优雅且自然的环境氛围为主要目的，通过照明设备的有效利用和不同方式以及技巧的有机融合，创造出美观、具有特色，满足受众精神追求的环境空间效果（图4-3-1）。

色彩调性：凉爽、素雅、稳重、品质、随性、舒畅、放松、自由。

常用色彩搭配：

（1）橙红色搭配灰色，在颜色一深一浅中给人稳重、积极的色彩印象。

（2）明度适中的红色具有优雅、高贵的色彩特征，搭配黑色增添了些许的稳重感。

（3）棕色多给人素雅、压抑的感受，在同类色搭配中增强了空间的和谐统一性。

（4）青色是一种具有古典气息的色彩，搭配亮黄色，在对比中十分引人注目。

图4-3-1 室外景观照明

（二）室外建筑照明

室外建筑照明是指利用照明设备对室外的建筑进行基础照亮，或在基础照亮的基础上，加以装饰和点缀效果，使其在室外空间中更夺目，增强建筑体自身和周围景观环境的美观性与设计感（图4-3-2）。

色彩调性：古典、理智、优雅、高端、稳重、大气、恢宏、成熟。

常用色彩搭配：

（1）青色搭配洋红色，在鲜明的颜色对比中十分引人注目，深受人们喜爱。

（2）黄色搭配绿色，以适中的明度和纯度给人柔和、清新的视觉感受。

（3）紫色是一种极具优雅与神秘特征的色彩，搭配黑色可以让这种氛围更加浓厚。

（4）橙色具有活跃、积极的色彩特征，在同类色对比中让空间尽显统一与和谐。

图4-3-2　室外建筑照明

二、城市室外照明的类型

城市照明按照功能性可以分为功能性和装饰性两大类。按照设置位置可分为交通照明、广场照明、庭院照明、水下照明以及建筑形体照明等，也可以分为路灯、广场塔灯、园林灯、水池灯、地灯、霓虹灯、电子广告灯、广告造型灯、串灯等形式。

（一）交通路灯

路灯是反映城市环境道路特征的公共设施，它在城市中涉及面最广，占据着相当的空间高度，还作为重要的区域划分和引导因素，是公共艺术设计中的重要内容。路灯按照不同的分类方法可分为不同的类型，如按照高低不同和尺度差别可分为高杆路灯、中型柱灯和低位柱灯，按其用途又可分为步行与散步道路灯和干道路灯。

高杆路灯主要用于城市干道、环城大道或停车场，灯柱的高度一般在4—12米，设计要以功能为主，通常采用较强的光源和较远距离（10—50米的位置），光线大部分应比较均匀地投射在路中央，以利于机动车辆的通行。设于停车场的高杆路灯应考虑控制光线投射角度，以防对场所外环境形成光线干扰。

高杆路灯按照灯具的形式，又可细分为横向式高杆路灯和直向式高杆路灯。横向式高杆路灯外形有琵琶型、流线型、方盒型等，其特点是美观大方、反射合理、光分布良好。直向灯也有合理的反光罩和均匀的光分布，这种灯更换灯泡方便，但反射器设计比较复杂，难以加工。

塔灯又称"高柱灯"，高度一般为20—40米，设于城市交通要道，是交通枢纽的标志。塔灯多采用强光源，常由数十盏灯组合而成，可组合为圆形、方形，光照醒目，辐射面大，在城市环境中像灯塔一样，有较强的标志作用。

道路灯灯柱高度一般为1—4米，并设于道路一侧，一般为等距离排列或自由布置，适用于城市支道、散步道或居住区小路；也常用于广场交通区域。其光照强度比较柔和。目前，这种灯具的造型设计最为多彩，表现出强烈的装饰性。

（二）庭院照明

庭院照明指在人们休闲的公共场所的照明设计。它一般应采用低调方式，照明强度不宜过大，灯具造型简洁雅致，用于表现一种亲切温馨的气氛，给人以艺术的享受。庭院灯灯头或灯罩多数向上安装，灯柱和灯架一般设置在地坪上。灯柱多用石材或铸铁材料制成，灯具多采用乳白色玻璃，以获得自然亲切的效果。

庭院灯按位置不同分为园林小径灯、草坪灯、水池灯等。小径灯高1—4米，置于小径边，与树木、建筑物相映生辉，追求一种幽雅的意境。造型自由度高，有西欧式、日本式和中国传统样式，也有古典和现代样式等，从不同地段和环境的特点出发而采用最佳的形式。

草坪灯安装在草坪边界处。为展现草坪开阔的空间，草坪灯一般比较低矮，灯具位置在人的视线之下，高为0.3—1.0米。草坪灯灯光柔和，外形小巧玲珑，有的还能播放出迷人的乐曲，令游人心醉。

水池灯设置于水池之内，密封性要求特别高，常采用卤钨灯做光源。点亮时，灯光经过水的折射，产生出色彩艳丽的光线。

地灯是指埋设于园林及有关地段地面的低位路灯。地灯像宝石那样镶嵌在道路或构筑物的内部，含而不露。这种地灯设计隐藏了自身的造型和光源的位置，勾画出引人入胜的地景。

（三）广场照明

广场照明常常采用路灯、地灯、水池灯、霓虹灯以及艺术灯相结合的方式，有些处于交通枢纽地段的广场也常常设置高柱的塔灯等。广场照明应突出重点，许多广场中央设纪念碑或喷泉、雕塑等趣味中心，照明设置既要照顾整体，又应在这些重点部位加强照明，以取得独特效果。

（四）水下照明

水下照明一般是在广场、大厅及庭院等空间中设置。灯光喷水池或音乐灯光喷泉可以呈现姹紫嫣红的美妙幻景，取得光色与水色相映成辉的效果。水下灯的光源一般采用220伏、150—300瓦的自反射密封性白炽灯泡，具有防水密封措施的投光灯，灯具的投光角度可随意调整，使之处于最佳投光位置，达到满意的光色效果。

（五）霓虹灯

霓虹灯是现代城市夜生活中的佼佼者，它以其多变的造型和艳丽的光彩被现代都市人广泛应用于广告、指示、娱乐场所及艺术造型照明许多方面。霓虹灯具有细长的灯管，并根据需要变换成各种图形或文字。在霓虹灯光路中安上控制装置，可取得循环变化的色彩图案和自动明灭的灯光闪烁效果，给夜空带来不尽的光彩。

（六）其他灯具

灯光照明的类型除了上述的五个门类外，还有如冰灯、灯笼、组灯等。冰灯是一种寒地灯饰艺术，通过雕刻、塑型、建筑等手法，创造一个整体的冰雪艺术世界，这在北方广为流行。

灯笼是我国传统的灯饰艺术，以竹子、钢筋等形成笼骨，用纸或现代的化纤材料做罩面，可以创造千姿百态的造型，夜色朦胧中别具东方情调。

组灯是以组群的方式形成灯的造型，具有雕塑效果，强调艺术性。灯光与现代材料、技术、环境、意境结合，可以创造出多彩而又神秘的艺术氛围。

三、城市照明的设计要求

城市照明并非是一个单纯的灯光问题，往往涉及环境空间的各个方面。因此，它又是一种名副其实的公共艺术。城市环境照明设计的具体特点和要求如下。

（一）合宜的照明度与质量

灯具设计的材质要求：一是要富有时代感。灯具造型与材料应尽量体现现代科学最新成果与文化风貌；二是要尺度宜人。灯饰的尺度应符合特定功能与空间环境的合理关系，比例配置相当严密；三是要坚固耐久。要求尽量选择性能精良、便于维修更换的形式与材料。

在城市照明设计中，照明尺度的把握是涉及灯具形式美的重要环节，必须周密安排：一是灯柱的高度应与周围建筑环境协调；二是灯具与灯柱各种组合因素之间应相称、呼应、互为补充；三是灯具本身应匀称、整齐、得体；四是亮度要与特定的环境氛围和特种功能相合拍，发挥目标作用。

（二）营造和谐的环境氛围

灯光文化一个很重要的特点是体现城市环境的文脉、地脉特色，灯饰造型应具有强烈的地方、区域、民族的特点，恰当地提取代表地方文脉的符号、标志，体现出市民共同的心愿。城市照明还得顺应城市的地形地貌，融入人文环境、社会环境，体现滨海城市、山城、边陲等不同类型城市的特点，展现其独特的地理与人文气息。

第五章　环境艺术设计举例

本章为环境艺术设计举例，共两节。第一节为室内环境艺术设计举例，主要对颜色搭配、图案图形、空间利用和室内绿化进行举例；第二节为室外环境艺术设计举例，主要是列举了室外环境艺术设计中对地域、配色、材料、照明方面的使用。

第一节　室内环境艺术设计举例

一、同色系配色

相同色系的配色方案可以营造出和谐的环境氛围。同色系配色是指色相相同，而明度与纯度各不相同的两种或两种以上的色彩相互搭配，营造出和谐统一且具有层次感的空间氛围。

图 5-1-1　同色系配色（1）

这是一款同色系配色方案展示空间的环境艺术设计。以红色为主色调，同色系的配色方案营造出和谐统一且充满热情的空间氛围。相同色系、不同明度与纯度的色彩使空间主次分明，增强了空间的层次感。以无彩色系中的黑、白、灰色为底色，对艳丽的色彩进行中和，也起到了良好的衬托作用（图5-1-1）。

图5-1-2　同色系配色（2）

这是一款餐厅内楼梯处的环境艺术设计。以红色为空间的主色，深浅不一的同色系配色使空间在视觉上给人一种凹凸有致、主次分明的感受。大量的绿色植物穿插在空间当中，在色彩上与温和的红色调形成对比，增强了空间的视觉冲击力，同时也为该空间增添了自然气息（图5-2-2）。

二、巧用图案图形

图形与图案元素是环境艺术设计中常见的装饰元素，根据图形与图案元素的不同风格和周围环境的结合与对比，来丰富环境内涵、刺激受众感官。

图 5-1-3　图案装饰（1）

　　这是一款青年旅社楼梯转角区域的环境艺术设计，通过简笔画式的黑色图形与图案元素，对纯白色的墙壁进行装饰。简约轻巧的装饰风格与楼梯形成鲜明对比，活跃了空间氛围。在色彩上，采用无彩色系的黑色与白色，纯粹而又低调的色彩使空间看上去更加简洁，避免为受众带来杂乱的视觉效果（图 5-1-3）。

图 5-1-4　图案装饰（2）

　　这是一款办公室内休息交谈区域的环境艺术设计。在实木座椅右侧的墙壁上绘制了喝咖啡的卡通人物图像，与空间的主题相互呼应，同时轻松舒适的人物图像也使空间看上去更加轻松舒适。大量绿色植物的加入与实木材质座椅的结合，使整个空间看上去更加清新，贴近自然，工作人员能够得到更好的放松（图 5-1-4）。

三、充分利用空间

在环境艺术设计的过程中，合理的构造与格局能够使空间合理化地融入更多元素，使空间看上去更加丰富、饱满。

图 5-1-5　空间利用（1）

这是一款共享办公空间开放式工作区墙壁的环境艺术设计。在墙壁上设有多个大小、形状、比例各不相同的实木材质置物架，无论材质、形状造型或是色彩方面，均与空间的整体设计形成呼应，打造合理化且具有较强实用性的办公空间。开放式的置物架用来摆放书籍与装饰元素，在容纳更多元素的同时也节省了大量的地面空间（图 5-1-5）。

图 5-1-6　空间利用（2）

这是一款亲子类商业空间的环境艺术设计。在空间的左侧设置层次丰富的置物架，通过不同的造型和宽度放置不一样尺寸和属性的商品，合理的布局和构造使空间更具实用性。前侧接待区域和零售空间的局部等，均采用蓝色和粉色的瓷砖贴面，统一和谐的色调使空间看上去更加温馨、甜美（图5-1-6）。

四、室内绿化设计

室内庭院是一处集植物造景、装饰、休闲、动线等功能于一体的室内绿化综合体，这就好比将公园的一角整体迁入室内一样，人们既能欣赏到植物之美，又能在其中驻足漫步，享受自然的乐趣。只要技术、空间以及成本允许，室内庭院可以融入植栽、水体、喷雾、绿雕、灯光，以及任何可行的景观处理手法。室内庭院的设计是复杂的，在实际设计中往往需要多个部门，如景观及机电等专业的共同配合来完成项目。

图 5-1-7　室内绿化

这是一个办公庭院的绿化设计，庭院中垂直绿化成为空间的焦点。在这样的环境中，不但能够使人们身心得到放松，还能够缓解视力压力（图5-1-7）。

第二节　室外环境艺术设计举例

一、强烈的地域风格

如果说城市环境的出现包含形式和内容两部分的话，那么建筑的外部空间就是城市的内容，且空间的产生并不是任意的、偶发的，更不是杂乱无序的。它的成因深刻地反映出人类社会生活的复杂秩序，其中有外因的作用也有自身的想象。

图 5-2-1　地域风格

这是清迈黛兰塔维度假酒店的一角。清迈黛兰塔维度假酒店在任何细节上面都不惜成本，有面积广阔的稻田，甚至耗费巨资从各地引种了将近 4000 棵数十年树龄的大树，其中有些高达 30 米。客人可以和农民、水牛一起插秧，种出来的稻米布施附近寺院。建筑风格是泰国北部兰纳王朝的风格（图 5-2-1）。

二、丰富大胆的配色

丰富大胆的配色使空间更具视觉冲击力。在环境艺术设计的过程中，单一协调的配色方案能够营造出和谐统一的空间氛围，而丰富大胆的配色方案恰好相反，通过丰富饱满的色彩搭配使空间形成较为强烈的视觉冲击力。

图 5-2-2　配色搭配

这是一款室外艺术装饰的环境艺术设计。在色彩搭配上，采用高饱和度的配色方案，纯净的蓝色、深邃的黑色、鲜活的黄色与热情的红色，组合成富有变化效果与沉浸感的装置艺术。在造型上，带有光泽的塑料彩带以悬浮的方式陈列在半空中，矩形的造型将人们的视线集中于此，规整有序且极具视觉冲击力（图 5-2-2）。

三、人与自然的和谐

在环境艺术设计的过程中，人工环境与自然环境可以相辅相成地呈现在受众的眼前，两类元素的融合能够使空间的氛围更加丰富、自然。

图 5-2-3　和谐的休息室

这是一款度假村室外休息及洽谈区域的环境艺术设计。在室外空间设置两个内嵌式的休息区域，矩形的布局方式形成规整有序的空间氛围，与四周自然生长的植物形成鲜明对比。室外纺织元素与实木材质的应用，使空间与自然更加贴近（图 5-2-3 ）。

四、充分使用材料

不同材料的运用使环境氛围各不相同。在环境艺术设计的过程当中，通过不同材料的不同属性，与不同材料之间的结合，能够创造出不一样的空间氛围。

图 5-2-4　咖啡厅

这是一款咖啡厅室外区域的环境艺术设计。以竹子为主要的建设材料，通过竹制的"洞穴"为消费者带来独特的消费体验。大量绿色植物的点缀使整个空间更加贴近自然。空间的整体色调浑厚、纯净，与咖啡的主题相互呼应。简洁而又柔和的黄色调灯光对空间进行基本的照亮（图 5-2-4 ）。

五、充分利用色彩

图 5-2-5　露台

这是一款酒店楼顶露天阳台处的环境艺术设计。将墙体设置成苹果绿色，纯粹、清雅的色彩与空间中的实木色相搭配，营造出自然、清新的空间氛围，同时通过周围的植物与苹果绿相搭配，营造出和谐统一的空间氛围（图 5-2-5）。

图 5-2-6　校园入口

这是一款校园入口处的环境艺术设计。将导视牌设置成橘红色，鲜亮温暖的色彩与纯净的白色相搭配，提高了整体效果的明亮程度，同时也通过橘红色高饱和度的性质使其成为整体空间的视觉中心。曲线形式的布局使整个空间看上去更加生动、亲切（图 5-2-6）。

图 5-2-7　广场装饰

这是一款室外艺术装置的环境艺术设计。热带橙是一种充满活力且不失温和的色彩，将其作为空间中的主色，与自然界中植物的绿色相搭配，营造出温馨和谐的空间氛围。充气属性使装置元素外部更加饱满，为空间带来了勃勃生机与朝气（图 5-2-7）。

图 5-2-8　长椅

　　这是一款城市内公共区域休息处的环境艺术设计。黄色是一种鲜亮活跃的色彩，在空间中与热情的红色相搭配，营造出欢快、亲切的空间氛围。灵活的旋转长椅使空间更具生机与活力，可旋转的属性打破了人与人之间的隔阂（图 5-2-8）。

图 5-2-9　校园一角

　　这是一款校园的后花园的环境艺术设计。水晶蓝是一种清澈纯净的色彩，在空间中将其与鲜亮的黄色相搭配，打造鲜活清新的空间氛围。充满设计感的户外定制家具以图形为主要的设计元素，简约的图形构造出供人们休息的座椅，打造自然、舒适的空间氛围（图 5-2-9）。

图 5-2-10 冰激凌店

这是一款移动冰激凌店外观的环境艺术设计。以无彩色系中的黑、白色调为主，对比色的配色方案增强了空间的视觉冲击力，同时也通过这两种色彩营造出纯净平和的空间氛围。外观整齐地排列着白色圆筒造型，通过新奇有趣的设计元素与空间的主题相互呼应（图 5-2-10）。

图 5-2-11 色彩丰富的广场

这是一款广场设计。广场上丰富的活动带来川流不息的人群，相应的照明系统为其提供了充足的照明。鲜艳的橙色以较高的明度给人活跃、积极的视觉感受，不同纯度的变化增强了空间的层次立体感。少量青绿色的点缀，在鲜明的颜色对比中让广场十分引人注目（图5-2-11）。

六、充分利用照明

照明设备的陈设和光照效果的衬托，是活跃室外景观气氛的最佳选择之一，规整、庄严的建筑在不同照明效果的氛围营造下，创造出意想不到的景观效果。

图5-2-12　博物馆

这是一款博物馆室外建筑照明效果的环境艺术设计。将照明设备设置在墙体的下方，向上照射的暖色调灯光与室内的氛围形成呼应，在墙体上映射出高矮不同的照明效果，活跃空间氛围的同时，也能使墙体上的文字突出显示，有助于衬托空间的主题（图5-2-12）。

图 5-2-13 庭院

这是一款住宅室外庭院处景观的环境艺术设计。采用暖色调和白色的灯光点亮建筑体，为色彩沉稳厚重的空间增添了一丝活跃、温馨的氛围（图 5-2-13）。

图 5-2-14 加油站

这是一款加油站设计。建筑采用了具有自洁性、重量轻以及可回收等特点的高科技材料。到了晚上红色的灯光亮起，加油站耀眼如红宝石，吸引着客人（图5-2-14）。

图 5-2-15　办公楼

这是一款商业办公楼建筑光照效果的环境艺术设计。建筑上层透明的外观搭配上下两端粉红色的照明设备所形成的渐变照明效果，与地面的照明设备形成呼应，打造梦幻、浪漫的夜晚室外庭院效果（图5-2-15）。

参考文献

[1] 吴萍. 设计艺术中的观看、思维与表达 [J]. 长江文艺评论, 2021 (06): 73—76.

[2] 林琳, 沈书生, 董玉琦. 设计思维的发展过程、作用机制与教育价值 [J]. 电化教育研究, 2021, 42 (12): 13—20.

[3] 叶伟. 加强农村基层党建扎实推进乡村振兴实践探究 [J]. 农家参谋, 2021 (22): 5—6.

[4] 霍莉琴. 环境艺术设计中材料的色彩与美感呈现 [J]. 环境工程, 2021, 39 (10): 226.

[5] 陈红强. 环境设计手绘创新表达研究 [J]. 环境工程, 2021, 39 (10): 236—237.

[6] 袁晨晨, 马可莉, 朱国安, 周宝娟. 城市设计思维的特质性 [J]. 房地产世界, 2021 (18): 55—57.

[7] 赵浩钧. 艺术设计符号学在环境艺术中的运用研究 [J]. 西部皮革, 2021, 43 (18): 29—30.

[8]. 设计的模糊思维 [J]. 室内设计与装修, 2021 (10): 128—130.

[9] 宋冉, 杨昀轲. 环境艺术设计中的应用探究 [J]. 居业, 2021 (09): 29—30.

[10] 李晓婷. 当代环境艺术设计的发展研究 [J]. 化纤与纺织技术, 2021, 50 (09): 141—143.

[11] 黄欢雄, 李林, 李佳. 现代环境艺术设计元素的提取与应用 [J]. 大观, 2021 (09): 37—38.

[12] 刘卓. 环境艺术设计中的绿色设计理念 [J]. 艺术大观, 2021 (26): 66—67.

[13] 郑惠芝. 视觉传达设计中视觉思维模式的创新 [J]. 大众标准化, 2021 (17): 145—147.

[14] 申晓旭. 地域文化元素在环境艺术设计中的发展与创新 [J]. 普洱学院学报, 2021, 37 (04): 106—108.

[15] 李晨, 范旭东. 服务设计思维之于共享产品设计研究 [J]. 设计, 2021, 34 (15): 107—109.

[16] 李从容, 王馨月. 设计思维培养在基础教育中的育人价值 [J]. 中国艺术, 2021 (04): 22—26.

[17] 王涵. 环境空间的设计创新与应用研究 [J]. 大众标准化, 2021 (14): 99—101.

[18] 曾永富, 周李辉, 张伟中. 创造性设计思维在设计管理中的应用研究 [J]. 工业设计, 2021 (07): 77—78.

[19] 曹斌华. 设计思维中的知识模型 [J]. 山东工艺美术学院学报, 2021 (03): 41—44.

[20] 李琴, 陈敬玉. 手作体验下的设计思维重构 [J]. 设计, 2021, 34 (11): 97—99.

[21] 孟瑾. 环境艺术设计在建筑设计中的应用 [J]. 居舍, 2021 (16): 93—94.

[22] 唐朝永, 师永志, 常洁. 设计思维与节俭式创新: 一个链式中介模型 [J]. 技术经济, 2021, 40 (05): 167—177.

[23] 郭兰. 环境艺术设计作品 [J]. 建筑结构, 2021, 51 (10): 149.

[24] 黄勇. 室内环境艺术设计中的创意思维思考 [J]. 鞋类工艺与设计, 2021(08): 86—88.

[25] 臧谷钰鑫. 绿色设计理念在环境艺术设计中的实践运用 [J]. 科技风, 2021 (06): 114—115.

[26] 陈苏鲁. 浅谈环境艺术设计的未来发展趋势 [J]. 科教文汇 (中旬刊), 2021 (02): 65—66.

[27] 胡长龙. 环境小品设计 [M]. 重庆: 重庆大学出版社, 2016.

[28] 张大为. 景观设计 [M]. 北京: 人民邮电出版社, 2016.

[29] 耿广可. 图案设计 [M]. 北京: 人民邮电出版社, 2015.

[30] 过伟敏, 史明. 城市景观艺术设计 [M]. 南京: 南京东南大学出版社, 2011.